これからWebをはじめる人の

HTML&CSS, JavaScriptのきほんのきほん

たにぐちまこと 著

本書のサンプルファイルについて

本書のなかで使用されているサンプルファイルは以下のURLからダウンロードできます。また、サンプルファイルの使い方についても記載しています。

https://book.mynavi.jp/supportsite/detail/9784839959715.html

- サンプルファイルのダウンロードにはインターネット環境が必要です。
- サンプルファイルはすべてお客様自身の責任においてご利用ください。サンプルファイルを使用した結果で発生したいかなる損害や損失、その他いかなる事態についても、弊社および著作権者は一切その責任を負いません。
- サンプルファイルに含まれるデータやプログラム、ファイルはすべて著作物であり、著作権はそれぞれの著作者にあります。本書籍購入者が学習用として個人で閲覧する以外の使用は認められませんので、ご注意ください。営利目的・個人使用にかかわらず、データの複製や再配布を禁じます。
- 書籍発行後に、使用ソフトウェア（Visua Studio CodeやSanitize.css、Bootstrapなど）がバージョンアップしています。これらへの対応方法も上記サイトにて掲載しています。

本書掲載のコードについて

図のように、コードの左端に番号が入っていますが、これは紙面上で見やすくするためのものです。実際のサンプルファイルの行番号とは異なりますのでご注意ください。
また、赤字になっている部分は、その手順で追加・修正する箇所を意味しています。

```
01  <h1>入会申込み</h1>
02  <p>入会するには、次のフォームに必要事項をご記入下さい。</p>
03  <p>メールアドレス：<input type="email" name="mymail"></p>
```

注　意

- 本書での説明は、Windows 10を使用して行っています。使用している環境やソフトのバージョンが異なると、画面が異なる場合があります。
  また、本書ではWindows8.1以降およびmacOS 10.11 El Capitan以降を推奨環境としています（Windows 7およびMac OS X以降でも学習は可能です）。あらかじめご了承ください。
- 本書に登場するハードウェアやソフトウェア、ウェブサイトの情報は本書初版第1刷時点でのものです。執筆以降に変更されている可能性があります。
- 本書に記載された内容は、情報の提供のみを目的としております。したがって、本書を用いての運用はすべてお客様自身の責任と判断において行ってください。
- 本書の制作にあたっては正確な記述につとめましたが、著者や出版社のいずれも、本書の内容に関して何らかの保証をするものではなく、内容に関するいかなる運用結果についても一切の責任を負いません。あらかじめご了承ください。
-
-

はじめに

本書は、HTMLとCSS、JavaScriptすべてを1冊で紹介した欲張りな本です。ただ、それは単に「お得」とか「色々なことをさらっと」というわけではありません。これから「Web」という技術を学んでいきたいという方に向けて、最初に必要となる知識をしっかりと身につけて欲しくて執筆しました。

HTMLといえば、最初に思いつくのは「Webサイト（ホームページ）制作」です。ただ、本書はWebサイト制作の入門ではないため、それに必要となる次のような知識については、あえて触れていません。

・Webサイトの設計・画面設計手法
・コンテンツの作成方法
・Webサイトの公開方法やメンテナンス方法など

これら、「Webサイト制作に必要な知識」は他の書籍にお任せし、本書は技術としてのHTML/CSS/JavaScriptの解説だけに絞りました。

「Web」という技術は、今やサイト制作だけでなく、スマートフォン向けのアプリケーション開発やPepper等のロボット開発、AIのインタフェース開発など、あらゆる分野で活用されています。そんなとき、これらの技術をまとめて解説する書籍があればと思い、執筆するに至りました。

Webサイト制作者になりたい方はもちろん、これまでJavaやPythonなどのプログラミング言語は学んできたものの、HTMLやJavaScriptについて学ぶ機会がなかったエンジニアの方、そしてこれからネット業界、AI業界を目指す学生の方など、幅広い方々に活用して頂ければありがたく思います。

本書の執筆にあたり、いつも遅筆な筆者に根気よくお付き合い頂き、またより分かりやすい書籍になるよう工夫を凝らしてくださったマイナビの伊佐さんをはじめとした編集部のみなさまに、感謝いたします。

2017年3月
たにぐち まこと

Contents

Contents

Contents

Contents

Webの開発環境を整えよう

CHAPTER 1

HTML（エイチティーエムエル）やCSS（シーエスエス）、JavaScript（ジャバスクリプト）は、インターネットに接続されたPCが1台あれば学習を始めることができます。開発に必要なソフトウェアも、無料で揃えられるものばかりです。ここでは、この後学習を進めていくにあたっての開発環境を整えていきます。すでに用意ができている方は、次のChapter 2へ進んでください。

SECTION 01

PCとWebブラウザーを用意しよう

このSectionでは、学習を始めるための環境の準備を行います。普段は、PCにはじめから準備されているWebブラウザーを利用しているかもしれませんが、スムーズに学習・開発をするために、Google Chromeをインストールします。

PCを準備しよう

HTMLなどの学習に欠かせないのが、PCです。スマートフォンなどでは、学習ができない……という訳ではないですが、かなり難しいのでPCは1台準備しておくとよいでしょう。

本書では、次のPCを推奨します。

- Windows 8.1以降が搭載されたPC
- El Capitan以降のmacOS（OS X）が搭載されたMac

学習環境としては新しい方がいいので上記を推奨していますが、Windows 7やEl Capitan以前のOS Xでも本書を使っての学習は可能です。

デスクトップ型でもノート型でも構いません。ただし、次のような形状のPCは学習がしにくいので注意しましょう。

- キーボードが付属していない、タブレット型PC
- キー配列が特殊な、超小型PC

また、「Android OS」や「Linux」といった特殊なOSが搭載されたPC（Chrome bookなど）、タブレット端末も学習には適しません。

本書ではWindows 10の環境を基準として、macOSでの操作手順なども合わせて解説します。

Google Chromeを用意しよう

作成したHTMLやCSSは、Webブラウザーで表示をして確認することになります。Windowsには標準で「Edge」または、「Microsoft Internet Explorer（IE）」、macOSには「Safari」が搭載されていますが、これらのWebブラウザーは、学習環境としては適さない部分があるため、別途Googleが開発する「Chrome」（クローム）をインストールすると良いでしょう。

まずは、Webブラウザー（Edge、IE、Safariのいずれでも可）を起動して、「Chrome」などで検索をするか、次のページにアクセスしましょう。

・Chrome
https://www.google.co.jp/chrome/browser/desktop/

図1-1-1

「Chromeをダウンロード」ボタンをクリックし、ファイルをダウンロードしたら、セットアッププログラムを起動してセットアップしましょう（次ページのコラム参照）。環境によっては、「Chromeをダウンロード」をクリックすると、自動でダウンロード、インストール、起動までが実行されることもあります。

起動すると、**図1-1-2**のようなウィンドウが表示されます（画面の表示内容は異なる場合があります）。

Chapter 2以降で、作成したHTMLファイルをWebブラウザーに表示させるときは、このChromeを利用しましょう。

図1-1-2

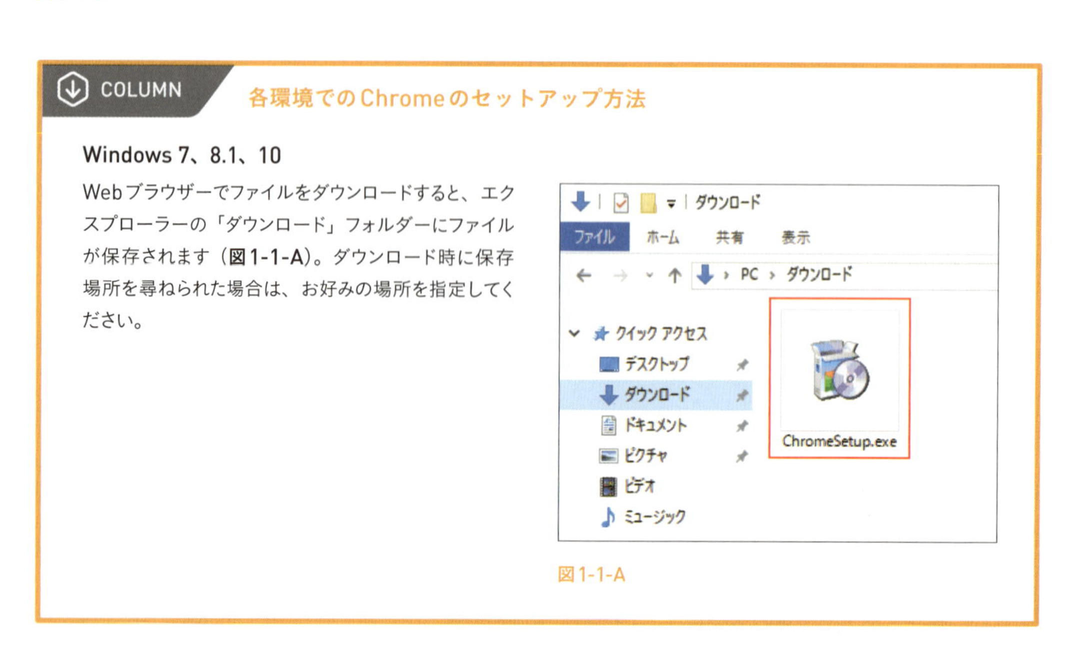

COLUMN　各環境でのChromeのセットアップ方法

Windows 7、8.1、10

Webブラウザーでファイルをダウンロードすると、エクスプローラーの「ダウンロード」フォルダーにファイルが保存されます（**図1-1-A**）。ダウンロード時に保存場所を尋ねられた場合は、お好みの場所を指定してください。

図1-1-A

これをダブルクリックすると、セットアッププログラムが起動するので、指示に従ってセットアップを進めていきます。
セットアップが終わると、スタートメニューに登録されます。画面左下のスタートボタンをクリックして、セットアップしたプログラムを探し（**図1-1-B**）、起動しましょう。必要に応じて、ショートカットをデスクトップやタスクバーに登録すると、使いやすくなります。

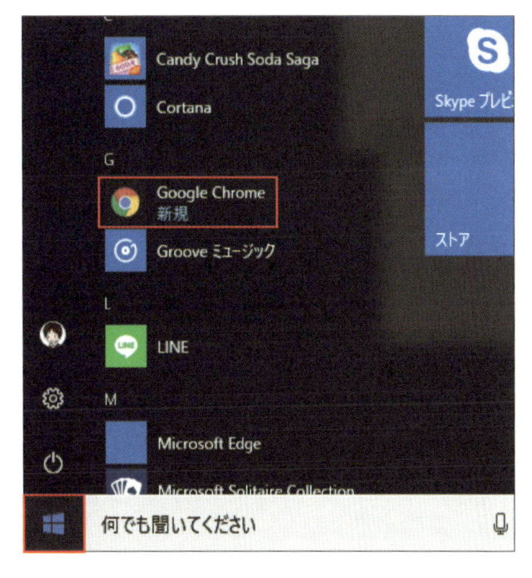

図1-1-B

macOS

Webブラウザーでファイルをダウンロードすると、ファインダーの「ダウンロード」フォルダーにファイルが保存されます（**図1-1-C**）。

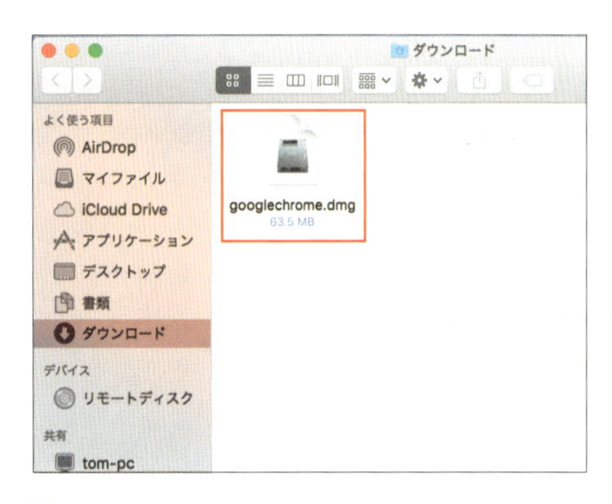

図1-1-C

ダブルクリックをすると、セットアッププログラムが起動するか、またはファイルをアプリケーションフォルダーにコピーするように指示されるので、指示に従ってセットアップしていきましょう。
セットアップが終わると、アプリケーションフォルダーに登録されます（**図1-1-D**）。ダブルクリックすれば起動します。ドックなどに登録すれば、より使いやすくなります。

図1-1-D

エディターを用意しよう

SECTION 02

続いて、HTMLやCSS、JavaScriptを書いていくためのエディターを準備しましょう。開発に適したエディターを使うことで、効率よく作業を進めることができますので、ぜひインストールしてみてください。使い慣れたエディターがあれば、それを使っても構いませんが、開発用のエディターを利用すると、効率的に学習することができます。

エディターのインストール

HTMLやCSSを記述するには、エディターソフトが必要です。エディターソフトも、標準でOSに付属しているもの（Windowsには「メモ帳」、macOSには「テキストエディット」）もありますが、開発には適さないため、別途入手しましょう。幸い、最近は無償のエディターでも充分実用に耐えられるものが出てきています。

本書では、Microsoftが開発する「Visual Studio Code（VSCode）」を利用します。macOS版も配布されているため、環境問わず利用できます。

ただし、エディターは好みがあるため、コラムでいくつかのエディターも紹介しています。それぞれ試してみて、利用しやすいものがあったり、またはすでに利用しているものがあれば、それで学習を進めても構いません。

その他のエディターについては、P.021で紹介しています。

Webブラウザーで「vscode」と検索をするか、次のサイトにアクセスしてください（**図1-2-1**）。

- Visual Studio Code
  https://code.visualstudio.com/

環境に合ったダウンロードボタンが表示されるため、これをクリックしてダウンロード、セットアップしましょう。

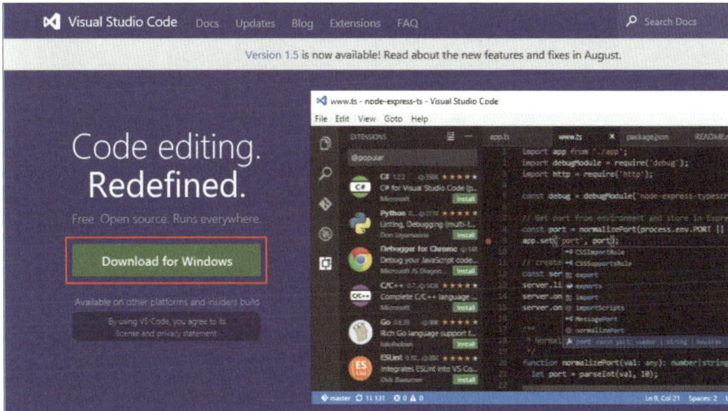

図1-2-1

インストーラーを起動すると、**図1-2-2**のような画面が表示されますので、表示内容にそってインストールを終わらせてください。インストール中、特に設定を変更する必要はありません。

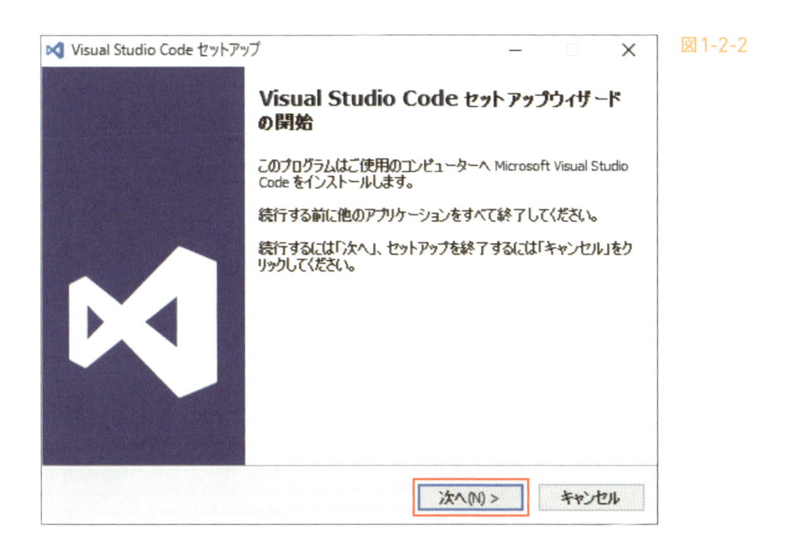

図1-2-2

VSCodeを起動して、メニューから［ファイル→新規ファイル］を選択すると、**図1-2-3**のような画面が表示されます。図には簡単な画面の説明も入れています。

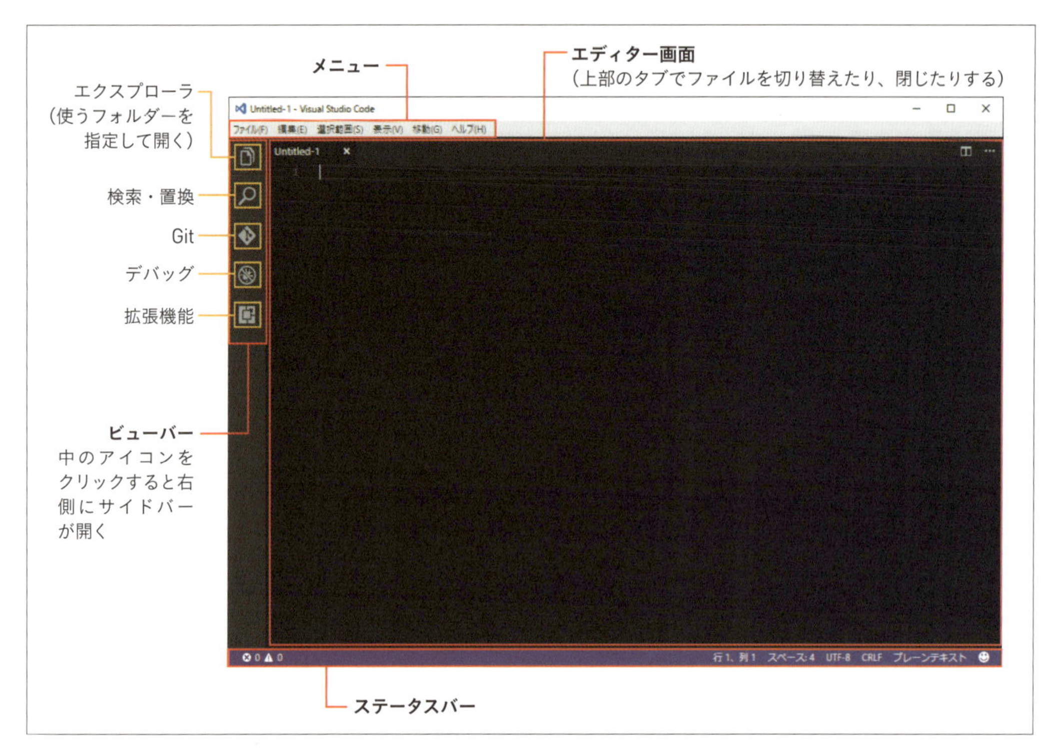

図1-2-3

エディターの設定を変更しよう

エディターは、開発者にとって1日中向き合うソフトウェアとなります。ちょっとした使いにくいさが、目の疲れやストレスに繋がることもありますので、設定はじっくりこだわりたいところでしょう。筆者は、この書籍の原稿もVSCodeで書いています。その画面は、**図1-2-4**のようになっています。セットアップ直後とは、画面の色などが異なっていますが、これは、配色テーマなどを変更しているためです。

配色テーマを変更するには、[ファイル→基本設定→配色テーマ] を選びましょう。一覧が表示されるため、ここから好きなものを選択します。好みの色や、目が疲れない配色を選ぶと良いでしょう。

また、文字の大きさが小さいなど気になる点があれば、[ファイル→基本設定→ユーザー設定] で変更することができます。ただ少し変更方法が特殊 (バージョン1.8.1現在) なので、やり方を紹介しておきましょう。

MEMO

ちなみに、筆者は「Solarize Lite」という配色テーマを使っています。

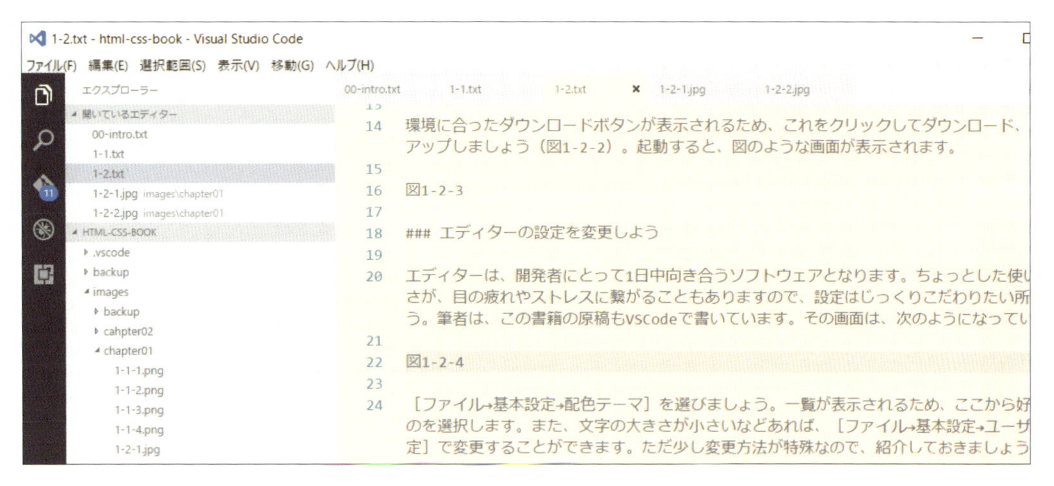

図1-2-4

メニューを選ぶと、**図1-2-5**のように画面が左右に分かれて表示されます。左側が、現在の設定（システム設定）、右側がユーザー設定となります。左側の設定項目で変更したい内容をコピーし、右側にペーストして内容を書き換えると上書きされるというしくみです。

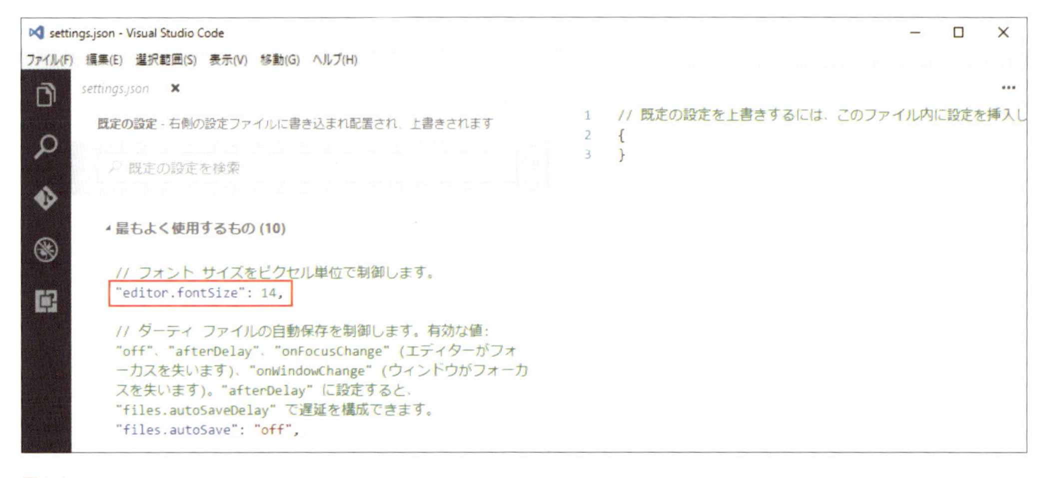

図1-2-5

たとえば、文字の大きさを変更したい場合、左側の画面から次の記述を探します。

```
01  // フォント サイズをピクセル単位で制御します。
02  "editor.fontSize": 14,
```

この行にマウスカーソルを近付けると鉛筆のアイコンが表示されるので、これをクリックし、さらに［設定にコピー］というメニューをクリックすると、右側に設定項目がコピーされます（**図1-2-6**）。

図1-2-6

後は、数字部分を書き換えて［ファイル→保存］メニューを選ぶか、[Ctrl] + [S]（[command] + [S]）キーで保存すれば設定が反映されます。

こうして、変更したい設定項目を右側の画面に移しながら設定していきましょう。設定が終了したら、上部で「settings.json」の右側の［×］をクリックして、設定ファイルを閉じておきましょう。

Webブラウザーとエディターの2つがインストールできたら、準備完了です。早速学習をはじめていきましょう。

COLUMN

開発者向けのテキストエディター

開発者向けのテキストエディターは、近年非常に開発が活発で、様々な種類のものが登場しています。それぞれに、特徴があり、好みに合わせて選ぶことができるため、それぞれ利用してみると良いでしょう。なお、VSCodeや以下で紹介するテキストエディターでは、初期設定でテキストの文字コード設定が「UTF-8」（P.039参照）になっているので変更は必要ありませんが、そのほかのエディターを使う際には注意してください。

また、以下で紹介するエディターは、Windows、macOSどちらでも使えます。

Sublime Text（https://www.sublimetext.com/）

革新的な機能を多く搭載し、現在の開発者向けテキストエディターの礎を築いたソフトです。70$（2017年3月現在約 7,700円）の有償ソフトで、愛用者も多いですが、現在ではVisual Studio Codeなど、無償で利用できるエディターが増えてきたため、少し高く感じてしまうかもしれません。

Atom（https://atom.io/）

GitHubが開発するオープンソースのテキストエディターで、Sublime Textと同じような機能が無償で利用できます。GitHubというサービスは、開発者には非常に人気のあるサービスであるため、エディターソフトも愛用者がどんどん増えています。メニューなどが基本は英語であるため（日本語化することもできます）、本書ではVisual Studio Codeを採用しましたが、機能的にはAtomも問題ありません。好みに合わせて選んで良いでしょう。

Brackets（http://brackets.io/）

Adobe Systemsが開発するオープンソースのテキストエディターです。Adobeは写真編集ソフトのPhotoshopや、画像作成ソフトのIllustlator、Webサイト制作ソフトのDreamweaverなどを開発していて、それらとの製品との相性が良いという特徴があります。Adobe製品を愛用している人は、使ってみると良いでしょう。

Cloud 9（https://c9.io/）

これまで紹介してきた「テキストエディター」とは少し毛色が異なり、「クラウド開発ツール」と呼ばれるツールの1つです。

Webブラウザーでアクセスすることで、ファイル管理やエディター、プレビューなどを総合的に行うことができます。ファイルをクラウド上に保存することができるため、どの環境からでも開発の続きをすることができます。ただし、月額の会員費用が必要で、無償版ではソースコードが公開状態になってしまうため、仕事などで利用する場合は必ず有償版にしてから利用しましょう。

COLUMN

Visual Studio Codeでの学習の進め方

VSCodeを使って、本書の学習を進めていく場合、次のような手順で作業を始めると良いでしょう。

1. フォルダーを作成する

まずは、好きな場所にフォルダーを作成します。エクスプローラー（macOSはファインダー）で、フォルダーもファイルもない余白部分を右クリックし、「新規作成→フォルダー」メニュー（macOSの場合は「新規フォルダー」メニュー）をクリックして、好きな名前をつけます。

2. VSCodeにフォルダーを表示する

VSCodeを起動したら、今作成したフォルダーをドラッグ&ドロップしてみましょう。画面の左側に薄いグレーのエリアが表示されます。これは、「エクスプローラーパネル」と呼ばれ、簡単なファイル操作が行なえるようになっています（**図1-2-A**）。

右クリックで表示されるメニューから、新しいファイルやフォルダーを作成することができ、また既存のファイルはクリックをすれば、すぐに編集することができます。

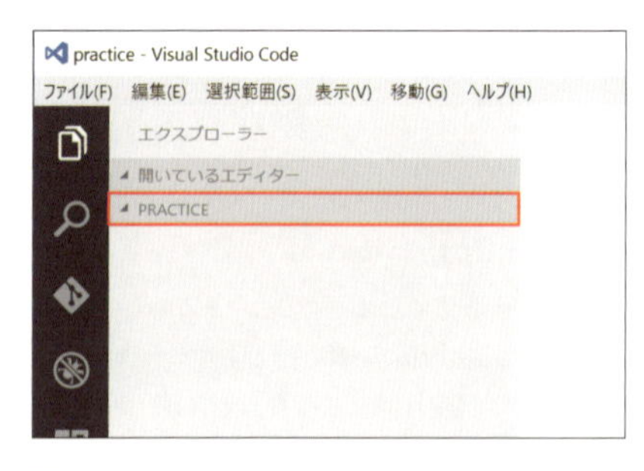

図1-2-A

3. プレビューする

学習を進めていくにあたって、こうして新しいフォルダーやファイルを作成しながら、進めていくと良いでしょう。
また、作ったファイルをWebブラウザーで確認する場合も、このエクスプローラーパネルから直接ドラッグ&ドロップすることができます。ただこの時、**図1-2-B**のように、Chromeのタブ部分にドラッグ&ドロップすると良いでしょう。確実に受け渡すことができます。

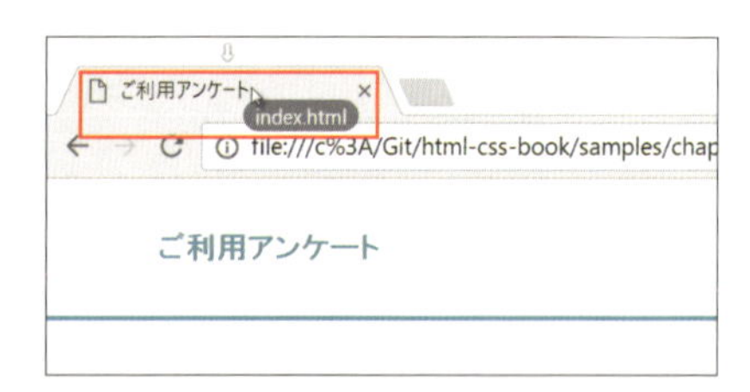

図1-2-B

また、右側で開いているファイルをプレビューしたい場合は、**図1-2-C**のように、タブ部分を直接ドラッグ&ドロップすることもできます。ちょっとした操作ですが、学習や開発がグッと効率的になりますので、このような細かいテクニックを身につけていきましょう。

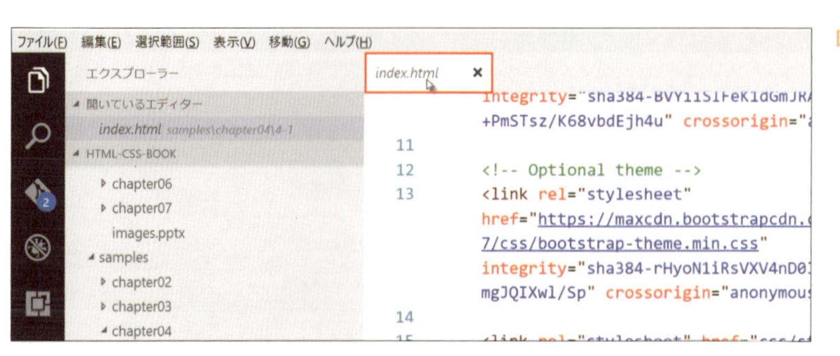

図1-2-C

HTMLとCSSのきほんを学ぼう

CHAPTER

2

Webアプリや Webページを制作するときに、必要になるのがHTMLとCSSです。Webブラウザー上に表示する内容と、その見た目（装飾）を決めることができます。ここでは、HTMLとCSSをあわせて学びながら、画面の構成を自由に作れるようにしていきましょう。以下はChapter 2で作るサンプルです。

入会申し込み

入会するには、次のフォームに必要事項をご記入下さい。

メールアドレス　必須

パスワード　必須

登録する

SECTION 01

簡単なHTMLを作ってみよう

このSectionでは、HTMLファイルを作成し、タグを書いて見出しを作るところまで進めます。ここで、タグの書き方やWebブラウザーでのプレビューの仕方といった基本的な操作に慣れておきましょう。

HTMLファイルを作ろう

ここでは、**図2-1-1**のような入会フォームの制作を通じて、HTMLとCSSの書き方を学んでいきましょう。

はじめのうちは、地味な画面が続きますが、徐々に装飾されていくので、じっくり勉強していきましょう。

図2-1-1

MEMO
以降のソースコードで一番左にある「01」「02」などの数字は、紙面上見やすくするための行番号ですので、入力は不要です。

まずは、Chapter 1で準備したテキストエディター（VSCode）を起動しましょう。次のような内容を打ち込みます。

```
01 入会申込み
```

メニューから［ファイル→名前を付けて保存］を選択するか、[Ctrl] + [S]（[command] + [S]）キーを押してダイアログを表示し、デスクトップなどの分かりやすい場所に「index.html」という名前で保存しましょう。

次に、同じくChapter 1でインストールしたChromeを起動し、開いたウィンドウに、いま作成したファイルをドラッグ＆ドロップします。これで、作成したHTMLファイルを閲覧（プレビュー）することができます。

画面には「入会申込み」という文字が表示されました（**図2-1-2**）。なお、環境によって、文字の見た目が多少異なります。

入会申込み

図2-1-2

MEMO

Windowsで拡張子が隠れてしまう場合は、エクスプローラーの「表示→ファイル名拡張子」にチェックを入れてください。Windows7の場合は［ツール→フォルダーオプション」の「表示」から「登録されている拡張子は表示しない」のチェックを外します。

タグで指示しよう ― 見出しの<h1>

このファイルを少し変更してみましょう。次のように「入会申し込み」の前後に次のように追加します。赤い色が付いているところが追加する部分です。

```
01    <h1>入会申込み</h1>
```

これを再び、Webブラウザーで表示してみましょう。このとき、すでにWebブラウザーで表示しているファイルを再表示する場合は、Webブラウザーの「リロード」機能を利用すると良いでしょう。Webブラウザーの再読み込みボタン（**図2-1-3**）をクリックするか、[Ctrl] + [R]（[command] + [R]）キーを押しましょう（または、[F5] キーでも操作できます）。

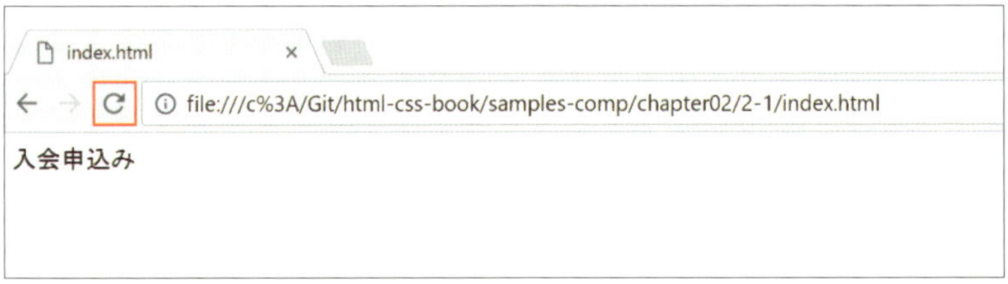

index.html ×
file:///c%3A/Git/html-css-book/samples-comp/chapter02/2-1/index.html
入会申込み

図2-1-3

さて、Webブラウザーに表示すると**図2-1-4**のように、追加した<h1>や</h1>は表示されていません。代わりに、「入会申込み」が大きく、太い文字になりました。この「<」と「>」で囲まれた記号のようなものは、「HTMLタグ（または略してタグ）」といい、Webブラウザーはタグを画面には表示しない代わりに、このタグを「解釈」して、その指示に従おうとします。

入会申込み

図2-1-4

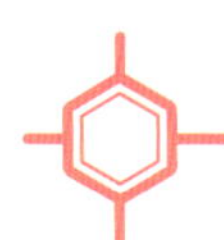

HTMLタグの構造を学ぼう

HTMLタグは、次のような構造でできています。

タグの書き方

```
01    <タグ名>...</タグ名>
```

タグ名には、アルファベットの1文字から数文字程度の文字が入り、タグ名によって指示の意味が変わります。たとえば、ここで指定した「h1」というタグ名は、「見出し1」という意味（hは、headingの略称）。そのページの大見出しにあたる内容を指示しています。

HTMLには、このようなタグが数十種類あり、これらを組み合わせてWebページ全体を作り上げていきます。**図2-1-5**のような「HTMLソース」を見たことがある方も多いのではないでしょうか。

```
110
111  <!-- Google Tag Manager (noscript) -->
112  <noscript><iframe src="//www.googletagmanager.com/ns.html?id=GTM-M9XC8J"
113  height="0" width="0" style="display:none;visibility:hidden"></iframe></nos
114  <!-- End Google Tag Manager (noscript) --><header class="header1">
115      <h1 class="header1_logo">
116          <a href="/"><span class="sr-only">H2O space</span></a>
117          <a href="/"><i class="mf mf-logo_h2o1_1"></i></a>
118      </h1>
119      <p class="header1_btnToggle"><span></span><span></span><span></span></
120      <nav class="nav1 js-nav2">
121          <ul class="nav1_lists">
```

図2-1-5

タグは、あとで紹介する例外を除いて、2個セットで使われます。たとえばここでは「入会申込み」という文章を「見出し1」にしたいので、この文章の前に1つ目を、後ろに2つ目を記述します。2つ目の記述には、タグ名の前に「スラッシュ（/）」を付けて、ペアであることを示しています。

こうして、指示の開始と終了を示すことができるのです。そのため、1つ目のタグを「開始タグ」、2つ目のタグを「終了タグ」などと呼びます。

MEMO
2個セットで使わないタグについては、P.031で紹介します。

また、こうして開始タグと終了タグで文章などを挟むことを「マークアップ（Markup）する」といい、マークアップされた部分のことを、タグも含めて「要素」と呼びます。これらの呼び名は、HTMLを学習するのに必要になるため、覚えておきましょう。

まとめた内容を、図2-1-6で紹介しましょう。

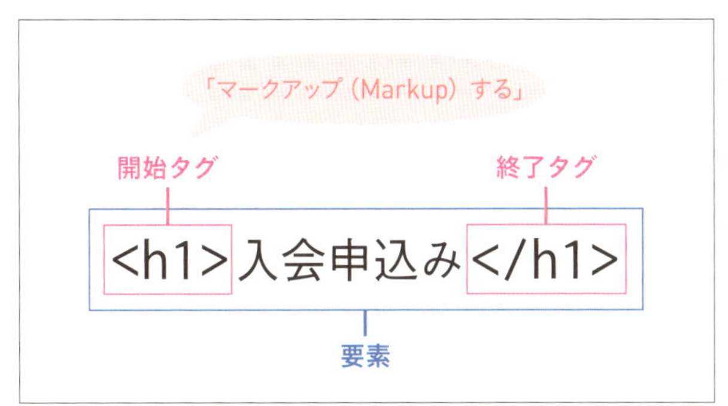

図2-1-6

COLUMN

見出しタグの種類と使い方

見出しを表すタグには、<h1>から始まって<h2>、<h3>……と数字が大きくなり、<h6>まであります。数字が小さいほど、見出しとしては大きくなり、<h1>が「大見出し」、<h2>が「中見出し」、<h3>が「小見出し」といった具合に、順番に使っていくのが一般的です。

文字が大きすぎるからと、いきなり<h3>を使ってしまうとか、強調したいから<h1>を複数使ってしまうといった使い方は正しくありません。文字の大きさなどは、後で紹介する「CSS」を利用すれば自由に変更できるため、HTMLを記述する段階では見た目にこだわらずに、正しく順番通りに使っていきましょう。

COLUMN

エディターの補完機能をうまく使おう

ここで、いったんエディターを閉じて、index.htmlを削除してみましょう。そして、もう一度エディターを起動したら、今度は最初にファイルを作成・保存して、同じく「index.html」という名前をつけてみてください。その後、次のサンプルを打ち込んでみます。

```
<h1> 入会申込み </h1>
```

先ほどと同じ内容ですが、途中まで打ち込むと先ほどとの違いがわかります。

VSCodeなどのエディターソフトでは、**図2-1-A**のように途中まで打ち込んだときに、自動的に残りを補完してくれたり、ヘルプを出したりしてくれるのです。

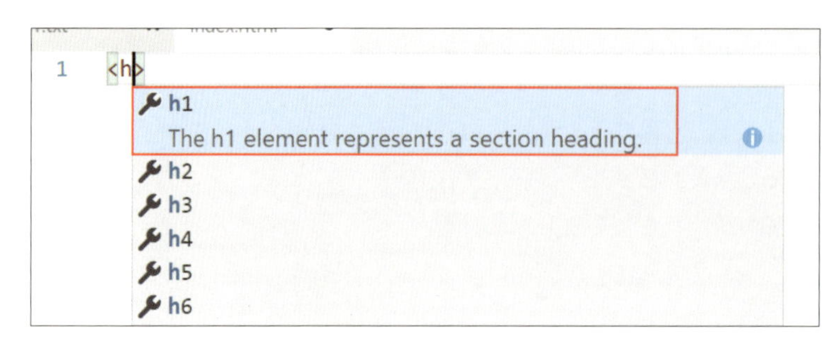

図2-1-A

これは、保存したファイルの拡張子（最後の3文字から4文字の文字列）が「.html」であったため、テキストエディターが自動的に「言語モード」をHTMLモードに変更し、ヘルプ機能などが作動したことによるものです。また、現在の「言語モード」は、VSCodeの右下で分かります（**図2-1-B**）。ここをクリックすると拡張子が何であるかに関係なく、任意のものに変更することもできます。

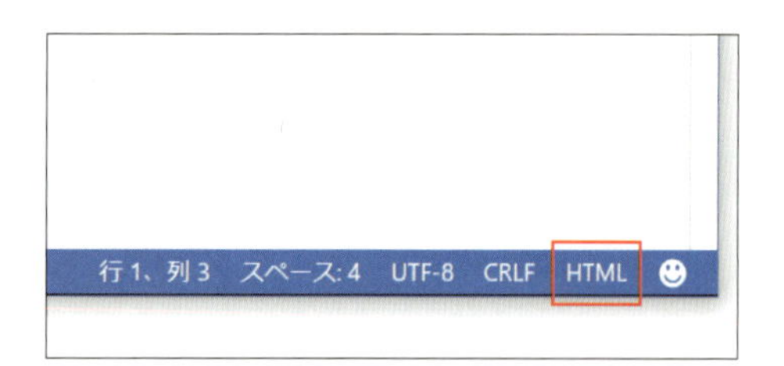

図2-1-B

SECTION 02

HTMLタグを、もっと使ってみよう

前のSectionで作ったHTMLファイルに記述を追加して、ページを完成させていきます。ページを作るための大切なタグや、属性という新しい概念が登場しますので、しっかりついてきてください。

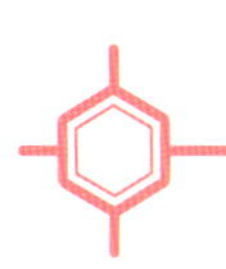

入会フォームを作ろう

HTMLには、先に紹介した<h1>の他にも、いくつもの種類のタグがあります。次の赤文字のように書き加えてみましょう。

```
01  <h1>入会申込み</h1>
02  <p>入会するには、次のフォームに必要事項をご記入下さい。</p>
03  <p>メールアドレス：<input type="email" name="mymail"></p>
```

これをWebブラウザーで表示すると、**図2-2-1**のように、文章やメールアドレスの入力欄が表示されました。いくつかのHTMLタグを使っているので、以下でまとめて紹介していきましょう。

図2-2-1

入会申込み

入会するには、次のフォームに必要事項をご記入下さい。

メールアドレス：

追加したHTMLを見てみよう

段落を表す ― <p>

<p>タグは、「paragraph」の略称で「段落」を表します。通常前後の行に空白が生まれ、文章が読みやすくなります。

<p>タグは、Webページを作成するときに、最もよく使われるタグの1つです。Section 01で説明したとおり、開始タグと終了タグも含め、<p>タグで囲んだ部分を<p>要素と言います。

> MEMO
> p要素のように、< >をつけない表記が一般的ですが、分かりやすくするため本書では< >をつけています。

入力フォームを表す ― <input>

最後の行に追加した、以下の記述を見てみましょう。

```
01  <input type="email" name="mymail">
```

このタグを使うと、前ページの**図2-2-1**のような線で描かれた四角形が描かれます（見た目は、利用しているOSやWebブラウザーによって異なります）。しかし実は、それだけではありません。この枠線内をタップまたはクリックすると、テキストが入力できるようになります（**図2-2-2**）。これを使って、Webページやアプリには欠かせない「入力フォーム」を作ることができるのです。

また、上記の記述全体を指して<input>要素と言います。

> MEMO
> 入力フォームについては、Chapter 4で詳しく説明します。

図2-2-2

入会申込み

入会するには、次のフォームに必要事項をご記入下さい。

メールアドレス: support@h2

そして、このタグは、ここまでに紹介したタグに比べると、ちょっと変わっています。閉じタグがなく、またタグ名の他に何か書かれています。以下でそれぞれ紹介しましょう。

閉じタグがない「空要素」とは

タグは、開始タグと終了タグのセットで使われると紹介しましたが、これには例外があります。<input>など、いくつかの要素は、開始タグと終了タグで挟む内容がありません。このような要素を「空要素」と呼びます。

ここで紹介した<input>タグは、入力フォームを表示するだけで、何か文章などに対して効果を発揮するものではないため、空要素なのです。

空要素の場合、終了タグが必要なくなるため、終了タグはありません。終了タグがないことを明確にするため、次のようにタグの最後に、半角スペースと「/（スラッシュ）」を付加する書き方もあります。

```
01  <input type="email" name="mymail" />
```

そのほかの空要素についてはコラムをご参照ください。

COLUMN

空要素の種類

空要素には、次のようなものがあります。

空要素	用途
<area>	「イメージマップ」というものを作るときに使う
<base>	Webサイトのベースとなる URL を指定する。<head>要素内で利用する
 	改行を表す
<col>	表組みの際のセルの設定を行なう
<embed>	埋め込みコンテンツを読み込む
<hr>	区切りを入れる
<img>	画像を挿入する

空要素	用途
<input>	フォームの入力コントロール
<link>	スタイルシートなどを外部ファイルを読み込む
<meta>	<head>要素内で定義などを記述する
<param>	<object>要素内で設定などを記述する
<source>	<video>要素内などで、リソースの場所を指定する
<track>	<video>要素内などで、字幕などを設定する
<wbr>	改行が可能な位置を示す

COLUMN

HTMLタグの入れ子構造

<input>要素をよく見ると、<p>要素の「中」に入っています。つまり、次のような構造です。

```
<p><input></p>
```

これは、HTMLの「**入れ子構造**」といい、一部のタグを除いてHTMLはこのように他のタグを「入れ子」にすることができます。このとき、囲っている<p>要素のことを「**親要素**」、中の<input>要素を「**子要素**」などと呼びます。

なお、タグによっては「子要素にしかなれないもの」や「子要素を入れられないもの」などもあります。

要素に追加情報を示す — 属性

この<input>要素には、タグ名のあとに何か記述されています。これは「**属性**」といい、要素に追加の情報を与えるために指定されます。

たとえば、ここで先のファイルに更に追加してみましょう。

```
01  ...
02  <p>メールアドレス：<input type="email" name="mymail"></p>
03  <p>パスワード：<input type="password" name="passcode"></p>  ーーーー❶
04  <p><button type="submit">登録する</button></p>  ーーーー❷
```

<p>タグで囲まれた行が2つ追加されました。❶では<input>要素が記述されていますが、先ほどとは属性の内容が異なります。このとき、見た目や働きにも変化があるのです。Webブラウザーで表示してみましょう（**図2-2-3**）。

> MEMO
>
> 上のコードにある「ーーーー❶」などは、説明のためのものなので、入力は不要です。

入会申込み

入会するには、次のフォームに必要事項をご記入下さい。

メールアドレス: support@h2o-space.com

パスワード: •••••

登録する

図2-2-3

追加した「パスワード」の入力フォームは、キーボードで文字を打ち込んでも他の文字に置き換わって、打ち込んだ文字を隠してくれます。これは、パスワードなど他人に見られたくない内容を打ち込むのに最適です。

このように、同じ<input>要素でも、属性によって見た目や機能が異なるのです。属性は、次のように指定します。

属性の書き方

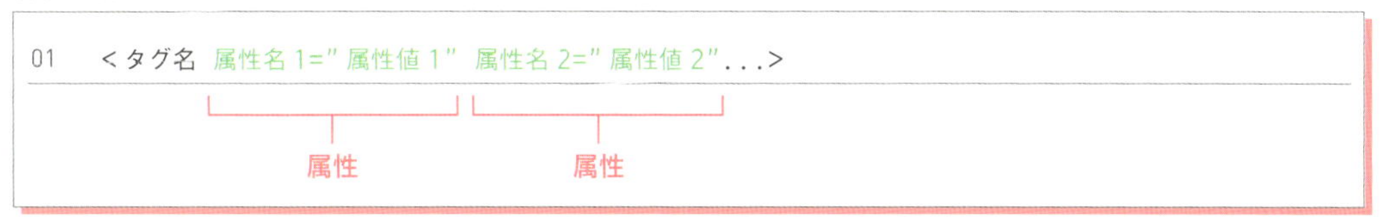

属性値の前後は、ダブルクオーテーション（"）で囲むのが一般的ですが、実際には他の記号（シングルクオーテーション（'））や、クオーテーション記号がない場合もあります。とはいえ、特別な事情がなければ、ダブルクオーテーションで囲みましょう。

複数の属性を指定する場合は、間に半角スペースを入れます。

どんな属性を指定できるかはタグの種類によって異なりますが、すべてのタグに利用できる「グローバル属性」というものもあります（P.046のコラム参照）。以下では、<input>要素の属性を紹介していきましょう。

type属性

type属性では、その入力フォームの形状や入力される内容を指定します。たとえば、先の例で紹介したのが次の2種類のtype属性値です。

- email **メールアドレスの入力のみ許可します。**
- password **パスワードの入力欄。入力された内容を隠します。**

MEMO
type属性には、ほかにもさまざまな種類があります。詳しくはChapter 4で紹介します。

name属性

その入力フォームに名前をつけます。この属性は主に、JavaScriptやWebサーバーとの連携などで利用されます。

value属性

入力フォームに**表示される内容**を示します。たとえばメールアドレスの入力欄に次のように指定してみましょう。

```
01  <input type="email" name="mymail" value="me@example.com">
```

すると、あらかじめメールアドレスが入力された状態の入力フォームができあがります（**図2-2-4**）。確認できたらこの属性は削除しておきましょう。

入会申込み

入会するには、次のフォームに必要事項をご記入下さい。

メールアドレス: me@example.com

パスワード:

登録する

図2-2-4

ボタンを設置する — <button>

続いて、P.032の❷について見ていきます。

フォームには、情報を送信するためのボタンを設置することが一般的です。ボタンは**<button>要素**で設置します。次のような書式で記述します。

<button>要素の書式

```
01  <button type=" ボタンタイプ "> ラベル </button>
```

type属性には、次のいずれかを設定します。

- **submit** 送信ボタン。これをクリックするとフォームが送信されます。
- **reset** リセットボタン。入力した内容をクリアにするボタンです。
- **button** JavaScriptと組み合わせて利用するときに使われます。

なお、「submit」と「reset」は、先に紹介した<input>要素でも作成することができます。

例）

```
01  <input type="submit" value="送信">
```

この書き方は、XHTML1.1以前（以下のコラム参照）の仕様のもので、HTML5とも互換性があり利用できるようになっていますが、<button>要素を使うのが一般的になってきています。

COLUMN

HTMLとXHTML

HTMLには、細かく分けると「HTML」と「XHTML（エックスエイチティーエムエル）」があります。HTML/XHTMLはWorld Wide Web Consortium（W3C：ダブルスリーシー）という団体が規格を定めています。「規格」とは、分かりやすい例で言えば、紙の大きさなどがあります。たとえば「A4用紙」といった場合、どのようなメーカーの紙であっても同じ大きさの紙を準備することができます。これは、「ISO 216」という規格によって「210 × 297mm」と大きさが決まっているためです。

このように「規格」を定めることによって、作る人が違っても同じようなものを作れるようになります。私たちが、Microsoft EdgeやChrome、Safariなど違うWebブラウザーを利用しても、同じようにWebサイトを見られるのは、HTMLが「規格」になっているからなのです。

W3Cの定める規格は、**図2-2-A**のような手順で規格内容が提案され、多くの人たちの意見を反映しながら、規格として決まっていきます。

作業草稿 → 勧告候補 → 勧告案 → W3C勧告

図2-2-A

「勧告」された規格にはバージョン番号が付与され、各Webブラウザーの開発元（「ベンダー」と言います）が、実装していくことになります。HTMLはこうして、3.0、4.0、4.01とバージョンが進んでいきました。
しかし、HTMLは広く利用されるに従って、そのルールの曖昧さが問題になりました。
たとえば、終了タグが必要なタグと、必要でないタグがあったり、終了タグがあっても省略ができたりと曖昧でした。このままでは、それを表示するWebブラウザーでも曖昧さを理解する複雑なプログラムが必要となる上、HTMLを将来「データ交換」などに利用する場合でも、非常に使いにくいデータになってしまいます。

そこで、ルールを厳格化し、データとして正しい姿を目指したHTMLが「XHTML」です。XHTMLは、1.0や1.01などがあり、しばらくの間、標準で使われていました。XHTMLでは、主に次のようにルールが厳格化されました。

▶次ページに続く

- **タグ名、属性名はすべて小文字で記述する**
- **終了タグは省略してはならない。空要素の場合は、タグの最後に「スラッシュ」を入れる**
- **属性は必ずダブルクオーテーションで囲む**

こうして、XHTMLの策定作業が進んでいきました。しかし、1.0が勧告された後、その後のバージョン1.1や1.2がなかなか勧告されません。なぜなら、ルールが厳格になったために、規格を定めるのに非常に時間がかかってしまったのです。

その間、Webブラウザーはますます高機能化し、Webサイトでできることがどんどん増えていきました。そこで、XHTMLの勧告を待たず、GoogleやAppleといったWebブラウザーベンダーは、「Web Hypertext Application Technology Working Group（WHATWG）」というワーキンググループ（団体）を作り、それまでのHTMLを元に、独自の規格を定めてしまいました。こうしてできあがったのが、現在のHTML5のベースとなった「Web Applications」と「Web Forms」です。

これらが普及したこともあり、W3CではXHTMLの勧告は行なわないこととし、WHATWGの定めた規格を「HTML5」として勧告しました（その後、2016年5月に5.1が勧告されました）。現在でも、これをベースに次の規格が策定されています。
ただし、XHTMLで考え出されたルールはHTML5でも使うことができ、守ったほうが読みやすいソースになることは確かです。現在でも、次のようなルールは守られることが一般的です。

- **タグ名、属性は小文字で記述する**
- **属性の値の前後は、ダブルクオーテーション（"）で囲む**
- **終了タグが省略可能なタグであっても、省略しない（空要素は終了タグを省略）**

本書は、HTML5に準拠して解説しますが、ルールとして紹介するものにはXHTMLでのルールもあります。できるだけ、参考にしてみてください。

COLUMN

HTML5のバージョン表記について

HTML5は、2017年1月現在、「5.1」が最新バージョンとなります。そのため、これまでのバージョン表記（HTML 4.01、XHTML 1.1）などに合わせるならば、「HTML 5.1」と記載するのが正式です。ただし、HTML5の場合「HTML」と「5」の間に半角空白がない場合は、バージョン番号を示すものではなく、技術名称としての「HTML5（エイチティーエムエルファイブ）」を示すものとされています。

本書では、「HTML5」という表記を使っていきますが、本書執筆時点の最新バージョンHTML 5.1に則り執筆しています。

HTMLに「決まり文句」を追加しよう

これで、Webページが1つできたように思えますが、実はここで作成したHTMLは完璧ではありません。これら、表示される内容とは別に、HTMLにはいわゆる「決まり文句」といえるような記述がいくつか必要になります。

作成しているHTMLの前後に、次のように追加しましょう。

```
01  <!DOCTYPE html>  ----❶
02  <html>  ----❷
03  <head>  ----❹
04    <meta charset="UTF-8">  ----❺
05    <meta name="viewport" content="width=device-width">  ----❻
06    <title>入会申込み</title>  ----❼
07  </head>  ----❹'
08  <body>  ----❸
09    <h1>入会申込み</h1>
10    <p>入会するには、次のフォームに必要事項をご記入下さい。</p>
11    <p>メールアドレス：<input type="email" name="mymail"></p>
12    <p>パスワード：<input type="password" name="passcode"></p>
13    <p><button type="submit">登録する</button></p>
14  </body>  ----❸'
15  </html>  ----❷'
```

MEMO

上記のコードで、<meta>や<h1>、<p>の左側にあるスペースは「インデント」です。詳しくは、P.052のコラムを参照してください。

これで完成です。Webブラウザーに表示しても、それほど変化がありませんが、唯一Webブラウザーのタブ部分などが**図2-2-5**のようなファイル名から、**図2-2-6**のようなページ名に変わっていることがわかります。それでは、順番に追加した要素を見ていきましょう。

図2-2-5

入会申し込み
file:///c%3A/Git/html-css-book/samples-comp/cha
入会申込み
入会するには、次のフォームに必要事項をご記入下さい。
メールアドレス：
パスワード：
登録する

図2-2-6

HTMLのバージョンを示す — <DOCTYPE>

先頭に記述した<DOCTYPE>というタグ（P.037の❶）は、かなり特殊なタグです。最初がエクスクラメーション・マーク（!）から始まり、また「DOCTYPE」は大文字で記述します（小文字でも問題ありませんが、大文字にするのが一般的です）。さらに、先に解説した「属性」のような感じで「html」とだけ記述をします。このような<DOCTYPE>を使った記述を「DOCTYPE宣言」と言います。

このDOCTYPE宣言は、P.035のコラムで紹介したようにHTMLやXHTMLに様々なバージョンがあったときに、そのバージョンなどを示すために使われていました。たとえば、XHTML1.0の場合のDOCTYPE宣言は次のように、非常に複雑な記述でした。

XHTML1.0のDOCTYPE宣言

```
01  <!DOCTYPE html PUBLIC "-//W3C//DTD XHTML 1.0 Transitional//EN" "http://www.
    w3.org/TR/xhtml1/DTD/xhtml1-transitional.dtd">
```

しかし、HTML5以降ではこれらの記述はすべて省略することができるようになり、次のように記述することができるようになりました。

HTML5のDOCTYPE宣言

```
01  <!DOCTYPE html>
```

HTML文書であることを示す — <html>

次に、<html>という開始タグが記述されています（❷）。このタグは、文書の最後で閉じています（❷'）。HTML文書はDOCTYPE宣言の後、必ずこの<html>タグで全体を囲むというルールがあります。ここが<html>以外のタグになることはないため、DOCTYPE宣言の後に決まり文句として記述するようにしましょう。

Webブラウザーに表示される内容を示す — <body>

続いて紹介するのが、先に記述していた内容全体を囲む<body>タグ

（❸、❸'）です。これは、Webブラウザーに表示する内容全体を囲みます。HTML文書には、実はWebブラウザーに表示する内容以外の情報も書き込むことができますが、それらの内容は、次で紹介する<head>タグを使って記述します。

表示されない内容を指定する ― <head>

Webブラウザーに表示する内容以外のことを指定するのが、<head>タグ（❹、❹'）です。ここには、そのWebページの設定内容などを書き込んで、Webブラウザーが正しく表示できるように調整したり、追加の情報などを書き込むことができます。指定できるタグも数多くあるため、順番に解説していきましょう。

文字コードを設定する ― meta（charset）

<head>要素内（<head></head>タグに囲まれた内側）に記述する要素で、代表的なものが<meta>要素（❺）です。この要素は、必ず属性を伴って利用されます。ここで利用しているのは「charset」属性です。この属性では「文字コード」を指定します。近年のWebページでは、UTF-8が利用されることが一般的なため、このまま指定するとよいでしょう。

UTF-8について詳しくは、以下のコラムをご参照ください。

このタグを指定することで、この文書がUTF-8で作成されていることが明確になり、日本語文字などが正しく表示されない、いわゆる「文字化け」を防ぐことができます。

COLUMN　文字コードとは

Webに限らず、コンピューターで扱う情報は「デジタルデータ」と呼ばれ、あらゆる情報を数字（正確には、0と1のみの情報）で管理されます。文字についても、数字に置き換えてから管理しなければならず、そのための対応表が必要となります。置き換えられたものを「文字コード」と呼びます。

アルファベットや半角記号については、世界標準の「ASCIIコード」と呼ばれるコードが世界中で採用されていますが、それ以外の各言語については、言語圏ごとで文字コードが作られていました。日本語としては、「JISコード」や「Shift-JISコード」「EUCコード」などが利用されていました。

また、たとえば日本語版Windowsで英語圏以外の言語で作られたWebページを閲覧する場合には、あらかじめ「言語パック」などをインストールしておかなければ、表示することができませんでした。

そこで、世界のほぼすべての文字を網羅した文字コードとして制定されたのが「UNICODE（ユニコー

▶次ページに続く

ド)」です。いくつかの種類がありますが、HTMLでは「UTF-8（ユーティーエフエイト）」と呼ばれる形式がもっとも利用されています。UTF-8では日本語でも漢字の一部などが表現できないなどの問題はありますが、世界中の言語を表示することができるようになるため、現在ではWebページではもちろん、電子メールなどでも利用されるようになっています。

なお、VSCodeなどの近年のテキストエディターは、標準でUTF-8のファイルが作成されるようになっていて、逆にShift-JISなどは扱えないエディターもあります。過去に作成したWebサイトなどを変更する際に、文字コードがShift-JISだった場合などは、VSCodeなどのテキストエディターが使えない場合もあるので、気をつけましょう。

ビューポートを設定する ― <meta>（viewport）

もう1つ記述されている<meta>要素（P.037の⑥）には、name属性とcontent属性が指定されています。

サンプルでの設定内容

```
01  <meta name="viewport" content="width=device-width">
```

<meta>要素は、先のcharsetの指定以外は、このようにname属性とcontent属性を指定することが多くあります。ここで指定しているのは「ビューポート」と呼ばれる設定項目です。

スマートフォンなどの画面が小型のデバイスの場合、Webサイトを閲覧するときに**図2-2-7**のように一部しか見えなくなってしまうことになります。そのため、Webブラウザー側で、あらかじめ少し縮小して表示されるようになっています（**図2-2-8**）。しかし、それでは文字などが小さくなりすぎてしまうことがあります。

図2-2-7　色付き部分がスマホで表示される範囲

図2-2-8

各デバイスで表示される領域のことを「ビューポート」と呼びますが、開発者は「ビューポート」を使ってデバイスにどこまで表示させるかを設定することができます。

現在もっとも一般的なのは、PC用とは別にスマートフォンなど小型のデバイス用に別途画面を用意した上（Chapter 3で解説します）で、まったく縮小せずに表示させる設定です。縮小させずに表示するには、前述のように「幅＝デバイスの画面幅」という設定を行ないます。

Webページのタイトルを指定する ― <title>

<head>要素内に記述する要素で、もう1つ重要なのが<title>要素（❼）です。この要素では、Webページのタイトルを指定します。ここでつけたタイトルは、Webブラウザー上には表示されません。画面上部のタブ部分に表示されます。それよりも重要な点として、検索サイトなどで結果一覧に表示されるときに、タイトルとして利用されます。

その他、「ブックマーク」などに記録されたときや、Facebookなどのサービスでシェアされたときなどにも利用されます。そのWebページの内容を現わす、適切な内容を記述しましょう。なお、Webアプリの場合には指定しても意味がない場合があります。

MEMO

P.037の**図2-2-6**でタブ部分の表示が変わったのは<title>の指定によるものです。

COLUMN

meta（description）要素と、meta（keywords）要素

<title>要素とあわせて、<head>要素内でよく指定されるのが、次のような要素です。
それぞれ紹介していきましょう。

```
<meta name="description" content="○○への入会フォームです">
<meta name="keywords" content="会員，登録">
```

Webページの説明を記述するmeta（description）

そのWebページの説明を簡単に記述します。Googleなどの検索サイトで、Webページがヒットしたときに、説明文として表示されることがあります（**図2-2-B**）。ただし、必ず表示されるというわけではなく、ページ内の文章が表示されることなどもあるため「念のため」指定しておくと良いでしょう。全ページに指定する必要があるというわけでもなく、トップページなどの主要なページに設定されていれば問題ありません。

H2O space - ちゃんとWeb
https://h2o-space.com/ ▾
「ちゃんとWeb」をテーマに、中小企業の皆様のサイト制作・kintone開発・Cordovaスマホアプリ開発などをお手伝いしています。代表者 たにぐち まこと のプロフィールなど.
このページに複数回アクセスしています。前回のアクセス: 16/09/08

図2-2-B

▶次ページに続く

関連したキーワードを指定するmeta（keywords）

ここには、カンマ区切りでキーワードを指定することができます。これは、以前はそのWebサイトに関連したキーワードを羅列することで、検索をしたときにキーワードが多少違っても、ヒットしやすくなるなどの効果がありました。

しかし近年は、検索サイトのキーワード解析のしくみも賢くなり、関連したキーワードは正しくヒットするようになったこともあり、ほとんどこの要素には意味がないとされています。特に指定する必要はないと言えます。

COLUMN

OGPの設定

<header>要素内で指定するもので、近年忘れてはならないのが「OGP」です。OGPは「Open Graph Protocol」の略称で、Facebookなどのソーシャルメディアで Webページがシェアされたときに、図2-2-Cのような画像とタイトルなどを表示させるための指定です。

図2-2-C

次のような形で指定します。

```
01  <meta property="og:locale" content="ja_JP" />
02  <meta property="og:type" content="website" />
03  <meta property="og:title" content="H2O space - ちゃんと Web" />
04  <meta property="og:description" content="「ちゃんと Web」をテーマに、中小企業の皆
    様のサイト制作・kintone 開発・Cordova スマホアプリ開発などをお手伝いしています。代表者 た
    にぐち まこと のプロフィールなど " />
05  <meta property="og:url" content="https://h2o-space.com/" />
06  <meta property="og:site_name" content="H2O space" />
07  <meta property="og:image" content="https://h2o-space.com/wp/wp-content/
    uploads/2016/07/facebook-ogpsd1.png" />
```

og:locale	言語。日本語サイトなら「ja_JP」を指定する
og:type	Webページの種類。「website（Webサイトのトップページ）」や「article（記事ページ）」などを指定する
og:title	ページタイトル。<title>要素と同じで構わない
og:description	説明。<meta name="description">と同じで構わない
og:url	ページのURL
og:site_name	サイト名
og:image	サムネイル画像

SECTION 03

CSS で見た目を整えよう

ここまで作ってきたHTMLに対して、CSSでスタイルを付けていきましょう。CSSの基本的な書式をしっかり覚えておいてください。また、インライン、内部参照、外部参照といった、CSSを書く場所の種類についても理解しておきましょう。

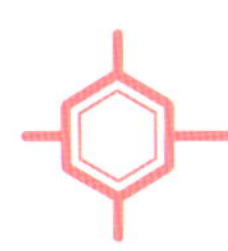

CSSを使ってみよう

さて、これでHTMLが完成しました。今、「入会申込み」という見出し部分は、**図2-3-1**のように表示されています。しかしこれは、必ずしもすべての環境で同じように見えるとは限りません。もっと字が大きいかもしれませんし、本文との余白がもっと広いかもしれません。

入会申込み

入会するには、次のフォームに必要事項をご記入下さい。

メールアドレス：

パスワード：

登録する

図2-3-1

なぜなら、HTMLにはこの要素が「見出し1である」ということしか示されておらず、それがどのような見た目になるのかは記載がされていないため、Webブラウザーが「独自の解釈」で表現をしているのです。また、どのようなフォントで表示されるかも、端末やOSによって異なります。そこで、これを装飾も含めて指示を行なうのがスタイルシートです。次のようにHTMLの内容を変更してみましょう。

```
01    <h1 style="font-size: 24px;">入会申込み</h1>
```

すると、**図2-3-2**のように文字の大きさが変化します（図の場合、少し小さくなりました）。ここで記述した「style」属性というのは、あらゆるタグに記述できる「グローバル属性」（P.046のコラム参照）と呼ばれるもので、スタイルシートを記述して見た目を変化させることができます。

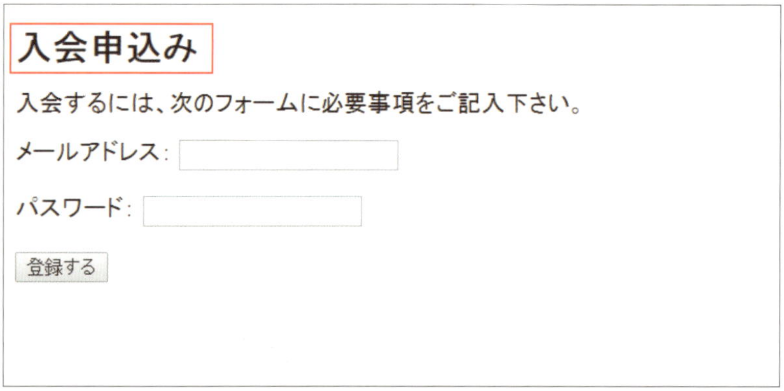

図2-3-2

入会申込み

入会するには、次のフォームに必要事項をご記入下さい。

メールアドレス：

パスワード：

登録する

特にWeb制作で一般的に利用されるのは、スタイルシートの一種である「CSS（Cascading Style Sheets）」で、スタイルシートとCSSは、現在ほぼ同じ意味で使われています。

CSSは、次のような書式で記述します。

MEMO

CSSも、HTMLと同じようにW3Cが定める規格です。現在の最新バージョンはCSS Level 3です。Levelとは「バージョン」のような意味合いで使われています。

CSSの書式

```
01    プロパティ : 値 ;
```

「プロパティ」とは、何を変更するのかを示すもので、先の例ではフォントの大きさを表す「font-size」プロパティを指定しました。プロパティ（Property）とは英語で「性質」といった意味です。指定したプロパティに対して、どのような内容にするかをコロン（:）で区切って指定します。コロンの前後は、半角空白があってもなくても構いませんが、一般的には、プロパティ名とコロンの間には空白なしで、コロンと値の間に半角空白を入れます。

ここでは、24px（ピクセル）という値を指定しました。ピクセルとはデジタルデータで利用される単位のことで、「画素」などと訳されます。PCやスマートフォン、デジタルカメラの性能などを現わす単位としても利用されています。Webサイトではこの他にも、いくつかの単位を使うことができます。詳しくはP.047のコラムで紹介しましょう。

指定の最後は、セミコロン（;）で終わらせます。連続して他のプロパティを指定することもでき、最後に指定したプロパティではセミコロンを省略することもできます。たとえば、余白を示す「margin」というプロパティを続けて指定してみましょう。

```
01  <h1 style="font-size: 24px; margin: 50px">入会申込み</h1>
```

すると、上下左右に、50pxの余白が設定されています（**図2-3-3**）。この余白の指定には「ショートハンドプロパティ」（P.047のコラム参照）が使われています。

図2-3-3

ここでは分かりやすいようにmarginの値を50pxにしましたが、実際はこの余白では大きすぎるので、0pxにして次に進んでください。

COLUMN

グローバル属性

本文で、HTMLタグに付加できる「属性」は、種類によって異なると紹介しました。しかし、本文で紹介したstyle属性は基本的に、画面上に表示される要素ならどれにでも付加することができます。
このような属性を「**グローバル属性**」と呼び、次のような種類があります。

よく利用されるグローバル属性

id	id（P.063参照）を指定する
class	クラス（P.063参照）を指定する
hidden	要素を隠す
title	リンク要素などでツールチップ（カーソルを重ねると表示されるチップ）に表示する内容を指定する
style	スタイルシートを記述する

その他のグローバル属性

tabindex	タブキーでフォーカスを移すときの順番を指定する
accesskey	キーボードショートカットを指定する
contenteditable	ユーザーによる編集が可能かを指定する
contextmenu	右クリックなどで表示されるコンテキストメニューのidを指定する
dir	テキストの方向を示す。 日本語や英語は左から右なので「ltr（left to right)」、アラビア語などの右から書かれる言語は「rtl（right to left)」と指定する。
draggable	ドラッグが可能かどうかを指定する
dropzone	どのような対象をドロップできるかを指定する
lang	言語を指定する
spellcheck	スペルチェックを行なうかを設定する
translate	多言語に翻訳されるときに翻訳対象とするかを指定する

COLUMN CSSで利用できる単位

CSSでは本文で紹介した「px」の他にも、いくつかの単位を使うことができます。それぞれ紹介しましょう。

絶対単位（指定した数字がそのままの大きさとして反映される単位）

px	表示しているスクリーンの「画素」を基準とした単位で、コンピューターではもっともよく使われる
mm、cm、in	ミリメートル、センチメートル、インチ。 印刷などで利用されるが、画面上では正確には再現されないため注意が必要
pt	1ポイント。1インチの1/72
pc	1パイカ。12pt

相対単位（親要素などの設定を基準に、相対的に決められる単位）

em	親要素の文字サイズを1emとした、相対的な大きさ。たとえば、1.5emは1.5倍の大きさになる
rem	「ルート要素」の文字サイズを1remとした相対的な大きさ
ex	小文字の「x」の高さ。一般的には、0.5emになるがフォントによっては異なる場合がある
ch	「0（ゼロ）」の幅を基準とした大きさ
vh	ビューポートの高さの1/100
vw	ビューポートの幅の1/100
vmin	ビューポートの高さまたは幅で小さい方の1/100
vmax	ビューポートの高さまたは幅で大きい方の1/100

COLUMN ショートハンドプロパティ

本文で出てきた「margin: 50px」というプロパティは、上下左右の余白を50pxにするという指定です。
ただし、余白を指定するプロパティはこの他に、右の4種類があります。

つまり、「margin: 50px」は、次のように指定するのと同じ意味なのです。

margin-top	要素の上の余白
margin-left	要素の左の余白
margin-bottom	要素の下の余白
margin-right	要素の右の余白

```
01  style="margin-top: 50px; margin-left: 50px; margin-bottom: 50px; margin-
    right: 50px"
```

▶次ページに続く

このように、いくつかのプロパティの指定をまとめて記述できるプロパティを、「ショートハンドプロパティ」と言います。
marginプロパティで上下左右の値をすべて指定する場合は次のような書式を使います。

marginプロパティの書式（上下左右をすべて指定するパターン）

```
01    margin: 上の余白 右の余白 下の余白 左の余白 ;
```

この書き方に沿うと、先の例は次のようになります。

```
01    margin: 50px 50px 50px 50px;
```

さらに、もし左右が同じ設定内容であれば、次のようにも設定できます。

marginプロパティの書式（左右をまとめて指定するパターン）

```
01    margin: 上の余白 左右の余白 下の余白 ;
```

たとえば、本文で作成したファイルの<h1>要素を次のように設定したとします。

```
01    <h1 style="font-size: 24px; margin: 10px 20px 30px">入会申込み</h1>
```

この場合、**図2-3-A**のように余白が設定されます。

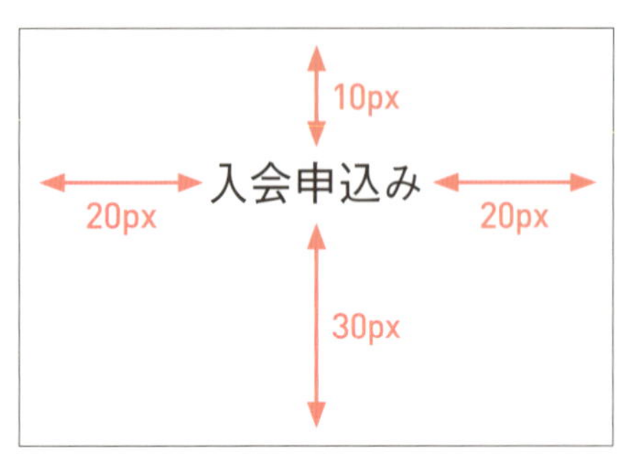

図2-3-A

さらに、上下と左右が同じ場合は次のようになります。

marginプロパティの書式（上下と左右をまとめて指定するパターン）

```
01    margin: 上下の余白 左右の余白 ;
```

そして、上下左右がすべて同じ場合は、次のように指定できます。

marginプロパティの書式（上下左右をまとめて指定するパターン）

```
01  margin: 上下左右の余白;
```

CSSを記述する場所 — インライン・内部参照・外部参照 —

今度は、次のように<p>要素にCSSを指定してみましょう。

```
01  <p style="font-size: 14px">入会するには、次のフォームに必要事項をご記入下さい。</p>
02  <p>メールアドレス：<input type="email" name="mymail"></p>
03  <p>パスワード：<input type="password" name="passcode"></p>
04  <p><button type="submit">登録する</button></p>
```

これで画面を表示すると、**図2-3-4**のように一番上の段落だけが文字が調整されます。

入会申込み

入会するには、次のフォームに必要事項をご記入下さい。

メールアドレス：

パスワード：

登録する

図2-3-4

もしここで、ページ全体の段落を同じ設定にする場合はどうしたらよいでしょう？

同じように書くと、次のような記述になってしまいます。

```
01  <p style="font-size: 14px">入会するには、次のフォームに必要事項をご記入下さい。</p>
02  <p style="font-size: 14px">メールアドレス：<input type="email" name="mymail"></p>
03  <p style="font-size: 14px">パスワード：<input type="password" name="passcode"></p>
04  <p style="font-size: 14px"><button type="submit">登録する</button></p>
```

これでは、非常に冗長ですし、文字の大きさを再び変更したい場合に、変更箇所が多くなってしまいます。そこで、CSSの定義を一箇所にまとめることができます。HTMLをいったん元に戻して、<head>要素の最後に次のように記述してみましょう。

```
01      <title>入会申込み</title>
02      <style>
03        p {
04          font-size: 14px;
05        }
06      </style>
07    </head>
08    <body>
09      <h1 style="font-size: 24px; margin: 0">入会申込み</h1>
10      <p>入会するには、次のフォームに必要事項をご記入下さい。</p>
11      <p>メールアドレス：<input type="email" name="mymail"></p>
12      <p>パスワード：<input type="password" name="passcode"></p>
13      <p><button type="submit">登録する</button></p>
```

入会申込み

入会するには、次のフォームに必要事項をご記入下さい。

メールアドレス:

パスワード:

登録する

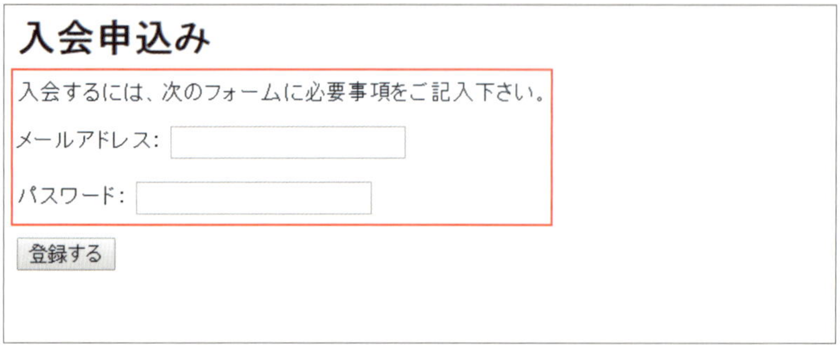

図2-3-5

すると、<p>要素にstyle属性がないにも関わらず、見た目を整えることができました（**図2-3-5**）。ここでは、<head>要素に<style>要素を追加しています。<style>要素では、次のようにCSSを記述することができます。

<style>要素でのCSSの書式

```
01  セレクター {
02      プロパティ : 値 ;
03      プロパティ : 値 ;
04      ...
05  }
```

MEMO

先に指定したstyle属性と、今回追加した<style>要素は別のものですので注意してください。

「セレクター」には、さまざまなものが指定できますが、ここでは一番簡単な要素名をそのまま指定しています。高度な例は後述します。これで、ファイル内の<p>要素はすべて同じ見た目に統一されます。見た目もスッキリしますし、変更を加えるときも簡単になります。このように、<head>要素内に記述する方法を「内部参照」と呼びます。

先に指定していた<h1>へのスタイル指定も同じように、内部参照に移動しましょう。このとき、marginの値は0にしておきます。また、<h1>要素のstyle属性は削除します。

```
01      <title>入会申し込み</title>
02      <style>
03        h1 {
04          font-size: 24px;
05          margin: 0;
06        }
07        p {
08          font-size: 14px;
09        }
10      </style>
11    </head>
12    <body>
13      <h1>入会申込み</h1>
14      <p>入会するには、次のフォームに必要事項をご記入下さい。</p>
```

MEMO

CSSの値を設定するとき、0の場合は単位を省略できます。

COLUMN HTMLのインデントとコメント

ここまでサンプルを見ると、たとえば<meta>や<h1>といった要素の前に余白があります。これは、<meta>なら<head>というタグに挟まれた内容、<h1>なら<body>というタグに挟まれた内容であることが分かりやすいように、半角空白を入れているのです

```
<head>
  <meta>
</head>
<body>
  <h1>
</body>
```

これを「インデント（Indent）」といい、HTMLでは半角空白を2つまたは、4つ入れるか、または「タブ文字」を入れてインデントすることが一般的です。

Visual Studio Codeの場合は、自動的にインデントすべき場所には半角空白4つが挿入されます。そのため、基本はエディターの挙動に合わせると良いでしょう。サンプルプログラムをコピーペーストしたときなどは、インデントが崩れがちなので、できるだけ頻繁に整えてコード全体が見やすいように保っていきましょう。

また、要素によっては開始タグと終了タグが離れてしまって、対応が分かりにくくなりがちです。このような時にややこしくならないよう、コメントを付けることができます。HTMLのコメントは次のような書式で記述します。

```
<!-- コメント内容 -->
```

タグに似たような形をしていますが、要素名はなく、ハイフンを必ず2つつなげます。

COLUMN CSSのインデントとコメント

HTMLと同様に、CSSにもインデントを付けた方がよいでしょう。CSSの場合は、セレクター直後の開きかっこと閉じかっこの間の行に、半角空白2つまたは4つを入れるか、タブ文字を入れるのが一般的です。VSCodeでは半角空白4つが自動的に挿入されます。

また、CSSには右のようにコメントを入れることができます。

```
01  /* 1行のコメント */
02
03  /*
04  複数行の
05  コメント
06  */
```

外部参照を利用しよう

内部参照は、同じファイル内では指定を統一することができますが、Webアプリやサイトを作る場合、複数のファイルを組み合わせて作り上げることがあります。そのような場合は、各ページで内部参照で指定をしていると煩雑になってきます。そこで、CSSの記述だけを別のファイルに記述し、HTMLからはそのCSSファイルに「リンクする」という方法があります。

エディターで新しいファイルを作成し、次のように記述しましょう。

style.css

```
01  h1 {
02    font-size: 24px;
03    margin: 0;
04  }
05  p {
06    font-size: 14px;
07  }
```

このファイルを「style.css」という名前にして、今作成しているHTMLファイルと同じ場所に保存します。そして、HTMLからは<style>要素を削除し、代わりに次のように記述します。

index.html

```
01    <title>入会申し込み</title>
02    <link rel="stylesheet" href="style.css">
03  </head>
```

<link>要素は、外部のファイルを参照するために記述します。現在ではほとんどCSSファイルの指定にしか利用されていません。rel属性で、その種類を指定します。省略することもできますが、指定することが一般的です。CSSファイルを参照する場合は「stylesheet」と記述します。href属性にはファイルパス（P.055のコラム参照）を記述します。ここでは、先に作成したCSSファイルをリンクしましょう。

なお、type属性を追加して、次のように指定することもあります。

```
01  <link rel="stylesheet" type="text/css" href="style.css">
```

XHTML的な指定の方法ですが、「type」属性は省略するのが一般的です。

このCSSの指定方法を「外部参照」といい、Webアプリやサイトを作るときは、基本的にはこの外部参照を利用するようにしましょう。ここから先は、この外部参照の形でCSSを指定していきます。

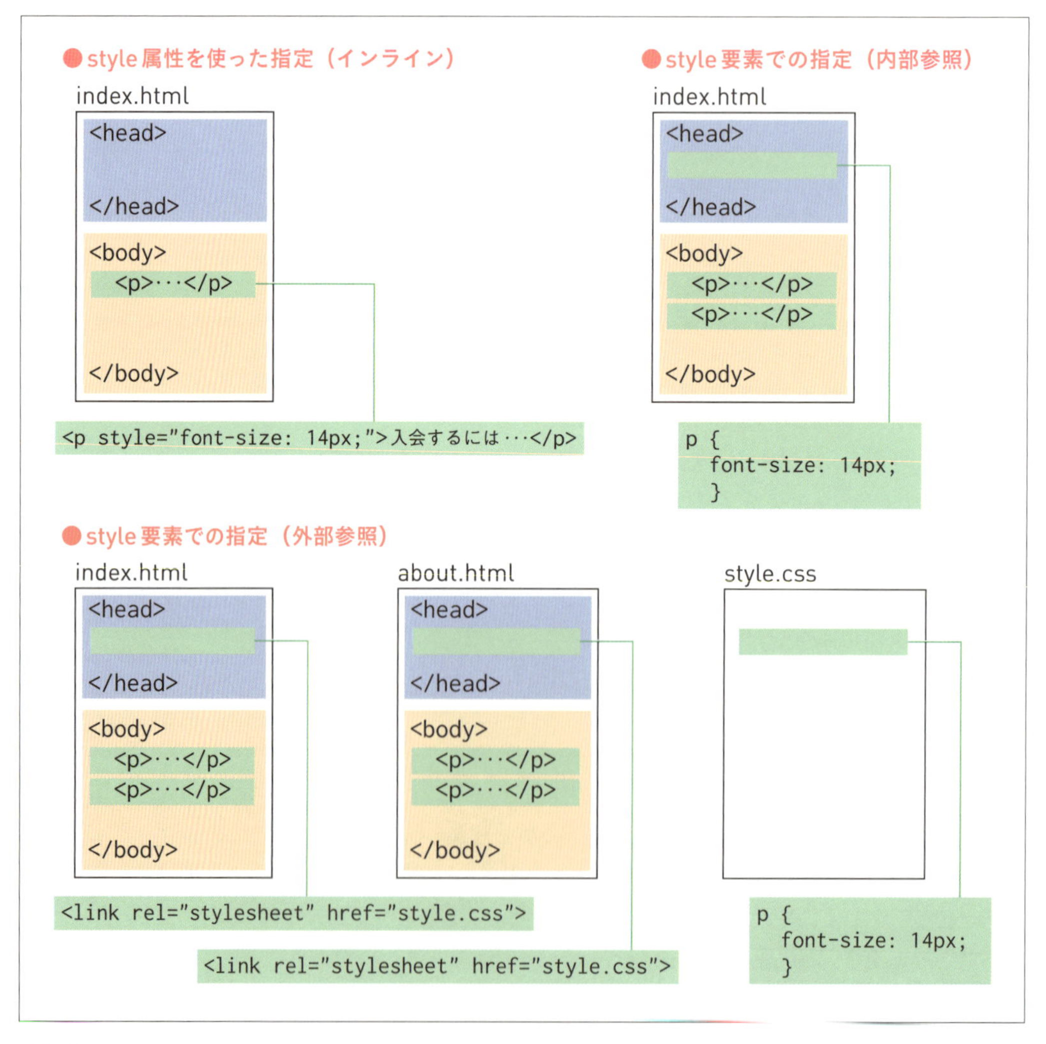

図2-3-6

COLUMN

内部参照、インラインを利用する場面

本文では、CSSは基本的に外部参照を利用すると紹介しました。では、内部参照やタグ内にstyle属性を記述するインライン指定は、どんなときに利用するのでしょう？　これは、「外部参照で解決できない場合」と考えておきましょう。

Webアプリを作成したり、大規模なWebサイトでシステムと連携する場合などは、HTMLが後から追加される「動的生成」と呼ばれる状態になる場合があります。また、同じタグなのに状況によって意味合いが異なる場合などもあります。このような場合、外部参照のファイルだけではどうしても見た目が思うように変わらない場合が出てきます。
そのとき、内部参照やインラインで対処していくと良いでしょう。

COLUMN

ファイルパスの指定方法

ファイルパスとは、リンクするファイルの場所を示すための記述です。本文のように、HTMLファイルとCSSファイルが同じ場所にある場合は、ファイル名を記述するだけで構いません。たとえば次のように、HTMLファイルとCSSファイルの場所が異なる場合を考えてみましょう。

配下のディレクトリーに格納されている場合

たとえば、**図2-3-C**のようにCSSファイルがフォルダーに格納されている場合は、フォルダー名に続けて「/」とファイル名を記述します。

```
<link rel="stylesheet" href="css/style.css">
```

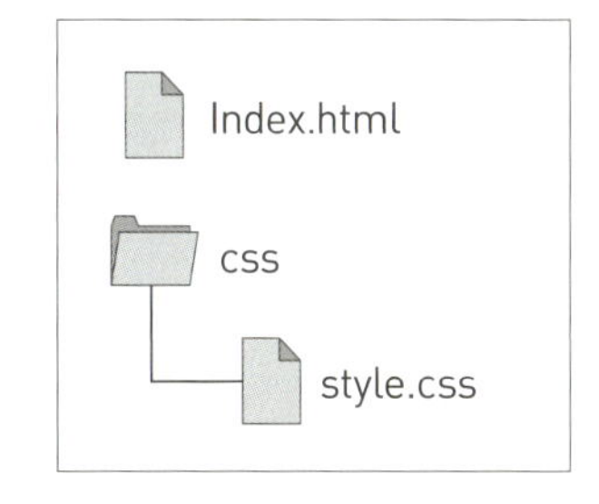

図2-3-C

ディレクトリーがさらに続く場合は、「/」で区切って記述していくことができます。

```
<link rel="stylesheet" href="css/dir1/dir2/style.css">
```

上位のディレクトリーに格納されている場合

HTMLファイルよりも上位に格納されている場合は、「../」という記述を使います。たとえば、**図2-3-D**のような構成の場合は次のようになります。「../」は1つ階層が上という意味で、2つ階層が上の場合は「../../」と重ねて使います。

```
<link rel="stylesheet" href="../css/style.css">
```

図2-3-D
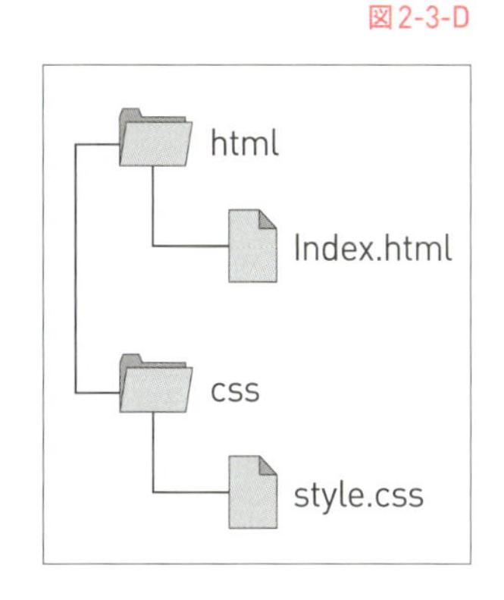

こうして、ファイルの場所を指し示すことができます。

SECTION 04

本格的な スタイル調整をしよう

CSSでレイアウトを整えたり、細かな装飾を追加したりして、ページを仕上げていきましょう。Webページを作る際によく使うCSSがたくさん出てきますので、何を指定しているのか理解しながら進めるようにしていきましょう。

全体の流れを確認しよう

それでは、いよいよCSSを利用して、**図2-4-1**のような見た目に仕上げていきましょう。CSSでスタイルを調整する場合は、次のような手順で行なうのが一般的です。順番に進めていきましょう。

- CSSをリセットする
- レイアウトを整える
- 細かな装飾を調整する

入会申し込み

入会するには、次のフォームに必要事項をご記入下さい。

メールアドレス 必須

パスワード 必須

登録する

図2-4-1

CSSをリセットする

HTMLはCSSを利用しなくても、見出しが大きくなったり本文に余白が設定されていたりなど、見た目が調整されていました。Section 03で、これは、Webブラウザーが「独自の解釈」をしているからと説明しましたが、もう少し詳しく説明すると、Webブラウザーに標準で搭載されているCSSが適用されているのです。このCSSは「デフォルトCSS」などと呼ばれます。

しかし、このデフォルトCSSはWebブラウザーによって微妙に違いがあり、余計な装飾なども施されているため、希望する見た目に調整するときに邪魔になってしまうことがあります。

そこで、いったんこれらのデフォルトCSSを取り除いてから、最初からスタイルを調整し直すことがあります。

CSSをダウンロードする

デフォルトCSSを取り除く場合、そのようなCSSを自分で書くこともできますが、多くの人たちが作成したものを公開してくれているため、これを利用するのが簡単で良いでしょう。いくつかの種類がありますが、ここでは次のsanitize.cssというCSSを利用します。

- sanitize.css
  https://jonathantneal.github.io/sanitize.css/

英語のサイトですが、ページの下の方にDownloadボタンがあるので、これをクリックしてファイルをダウンロードします。

もしボタンをクリックしたときに、CSSのソースが表示されてしまった場合は [Ctrl] + [S] ([command] + [S])」キーで保存しましょう。

前のSectionで作った「style.css」もあるため、これらを「css」フォルダーに納めて**図2-4-2**のようにしましょう。これを、index.htmlから外部参照で参照します。

指定は<head>要素の最後に書いておきましょう。

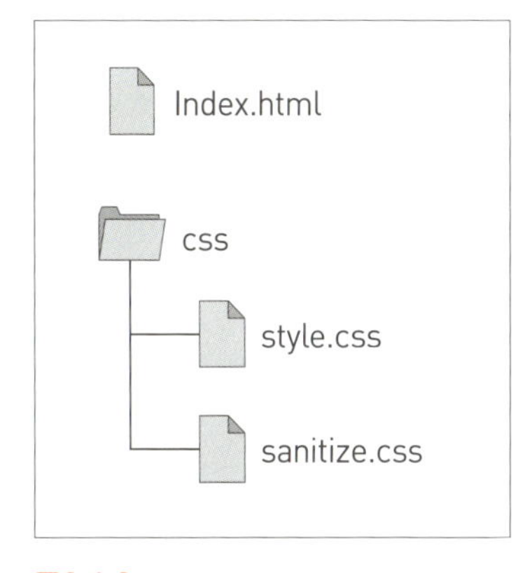

図2-4-2

index.html

```
01  ...
02  <link rel="stylesheet" href="css/sanitize.css">
03  <link rel="stylesheet" href="css/style.css">
04  </head>
```

これで、Webブラウザーに表示させると、**図2-4-3**のように上や左の余白などがなくなりました。テキストフィールドは見えなくなってしまいましたが、これも枠線などがなくなってしまっただけで、クリックするときちんと入力できるようになっています（sanitize.cssのバージョンアップなどにより、実際の表示が紙面と異なる場合があります）。このように、余計な装飾を取り除いてくれるのがsanitize.cssの役割です。

これで、下地が整いました。

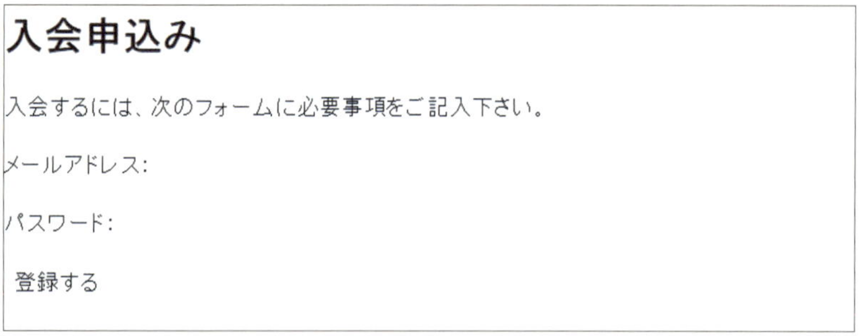

入会申込み

入会するには、次のフォームに必要事項をご記入下さい。

メールアドレス:

パスワード:

登録する

図2-4-3

COLUMN

ノーマライズとリセット

sanitize.cssでは、「リセット」とは言っても、なくなるのは余白などだけで、文字の大きさなどはそのまま残っていました。これを「**ノーマライズ**」や「**サニタイズ**」と言います。

デフォルトCSSを無くすもう1つの手段には「リセット」があります。次のようなCSSを利用することができます。

- html5reset.css
  http://html5doctor.com/html-5-reset-stylesheet/

ページの下の方の、「Go grab it」という見出しからダウンロード先にリンクが張られています。これを利用すると**図2-4-A**のように、完全に単なるテキスト情報のようになりました。これが「**リセット**」です。

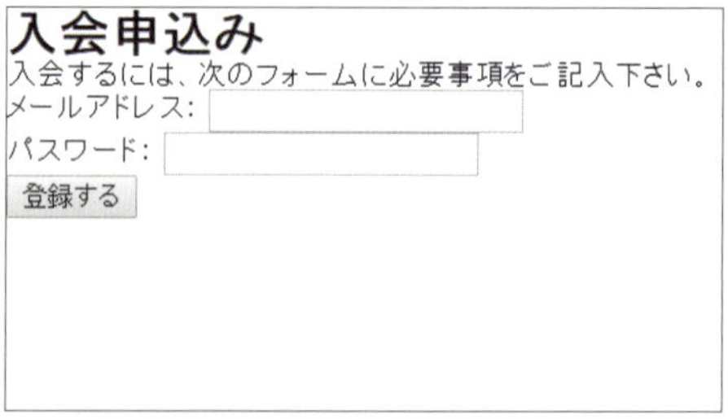

入会申込み
入会するには、次のフォームに必要事項をご記入下さい。
メールアドレス:
パスワード:
登録する

図2-4-A

リセットの場合、ゼロから自分でスタイルを整えていくことができる半面、たとえば「<p>要素（段落）の前後には空行を入れたい」とか、「リストには行頭文字を入れたい」など、「当たり前」のスタイルも自分で調整をしていかなければなりません。

Webアプリを作る場合などで、完全に見た目が通常のWebサイトと異なる場合などは助かりますが、Webサイトとしてスタイルを整えていくときに、毎回まっさらな状態になってしまうのはちょっと面倒に感じます。そこでノーマライズやサニタイズでは、これらの「当たり前」のスタイルはそのまま残して、Webブラウザー間の差異だけを調整するようになっています。
自分が作りたいものに合わせて、適切なものを選ぶようにしましょう。

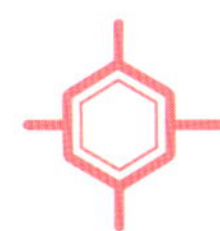

レイアウトを整える

独自CSSを作る

Section 03までのstyle.cssは次のようになっています。

style.css

```
01  h1 {
02    font-size: 24px;
03    margin: 0;
04  }
05  p {
06    font-size: 14px;
07  }
```

いったん、<p>要素のスタイルは削除して、次のようにしておきましょう。

```
01  h1 {
02    font-size: 24px;
03    margin: 0;
04  }
```

COLUMN

CSSの優先順位

もし次のように、同じ要素に対して、別々のスタイルを指定するとどうなるでしょう?

```
01  h1 {
02    font-size: 50px;
03  }
04  h1 {
05    font-size: 100px;
06  }
```

この場合、<h1>要素のフォントサイズは100pxになります。CSSは後に書いた指定ほど優先されるのです。これは、別の要素の場合でも同様です。次の例を見てみましょう。

```
01  body {
02    font-size: 50px;
03  }
04  h1 {
05    font-size: 100px;
06  }
```

この場合でも、<body>要素全体には50pxのフォントサイズが適用されますが、<h1>要素は上書きされて100pxとなります。

また、「em」などの相対的な単位を利用した場合は、上書きではなく親要素で指定されたサイズを元に相対的なサイズが計算されます。

```
01  body {
02    font-size: 50px;
03  }
04  h1 {
05    font-size: 1.5em;
06  }
```

この場合、<h1>は1.5em(現在の文字サイズの1.5倍)と指定されているため、<body>要素で指定されている50pxの1.5倍で75pxで表示されるといった具合です。外部参照をしている場合は、<link>要素でファイルを読み込む順番が後のファイルの方が優先度が上がりますので、読み込む順番にも注意しましょう。P.092のコラムも参照してください。

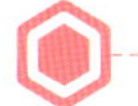

CSSからCSSを参照する ― @import

CSSファイルが複数ある場合の読み込み方にはいくつか方法があります。現在は以下のように、<head>要素内に2つのファイルを並べています。

index.html

```
01      ...
02      <link rel="stylesheet" href="css/sanitize.css">
03      <link rel="stylesheet" href="css/style.css">
04    </head>
```

前のページのコラムの最後で説明したとおり、後から読み込んだファイルの方が優先度が高いので、通常は「sanitize.css」を先に読み込んで余計な装飾を外し、「style.css」でスタイル付けをしていきます。その場合、「style.css」は「sanitize.css」がなければ、スタイルが整わない「依存した」関係になっています。このような場合、sanitize.cssはHTMLファイルで読み込まずに、CSSファイルから読み込むということもできます。<head>要素のsanitize .cssの読み込み行は削除してしまいましょう。

index.html

```
01      ...
02      <link rel="stylesheet" href="css/style.css">
03    </head>
```

そして、style.cssの先頭に次のように記述します。

style.css

```
01  @import url(sanitize.css);
02  ...
```

これで、sanitize.cssはstyle.cssから読み込まれるようになりました。

表示内容には変わりがありませんが、HTMLがスッキリしますし、ミスも減らせるため一石二鳥と言えます。

レイアウトを調整する ― <divタグ>

続いてレイアウトを調整しましょう。P.056の**図2-4-1**を見ると、フォーム全体がページの中央に寄っています。この場合、今のHTMLのままではレイアウト調整がやりにくくなってしまうため、**図2-4-4**のように中央に寄せたい要素全体をかたまりとしてまとめる良いでしょう。

図2-4-4

HTMLには、複数の要素をまとめるためのタグがいくつかあります。もっとも代表的なのが<div>タグです。divisionの略で「分割」といった意味があります。HTMLを次のように変更してみましょう。

index.html

```
01 <body>
02   <div class="content">
03     <h1>入会申込み</h1>
04     <p>入会するには、次のフォームに必要事項をご記入下さい。</p>
05     <p>メールアドレス：<input type="email" name="mymail"></p>
06     <p>パスワード：<input type="password" name="passcode"></p>
07     <p><button type="submit">登録する</button></p>
08   </div>
09 </body>
```

全体を、<div>タグで囲みました。すると、この<div>要素に対してスタイルを当てることができるようになります。divタグの場合、そのタグ自身には意味が持たせられないため、グローバル属性のid属性かclass属性を使って、見分けをつけるための「しるし」をつけるのが一般的です。ここでは、コンテンツ（内容）を表す要素であるとして「content」というclass属性を付加しました。

COLUMN

id属性とclass属性の使い分け

id属性とclass属性は、どちらもその要素を見分けるための「しるし」として使われます。大きな違いは、「1ページ内で使える回数」です。

id属性は「id=Identify」という名前の通り、「唯一の値」という意味があります。そのため、1ページ内では1回しか使うことができないルールになっています。これは、JavaScriptなどで特定の要素を確実に指定したいときなど、安心して利用することができます。

class属性の場合は、何度も使うことができます。同じ種類を表す要素を「クラス」としてひとまとめにするという役割です。ただし、class属性でも1回しか使わなくても構いません。そのため、近年ではCSSでこれらの属性を使う場合は、class属性のみを利用するのが一般的になりました。id属性は、JavaScriptで利用されると考えると良いでしょう。

class属性へのスタイル追加

class属性を加えた要素の場合、CSSでのセレクターにもclass属性を利用することができるようになります。

次のように指定します。以降、特に指定がなければ、CSSファイルの最後に追加していきます。

style.css

```
01  ...
02  .content {
03    background-color: #fcc;  ----❶
04    width: 600px;  ----❷
05  }
```

「.」の後にclass属性を指定することで、タグの種類にかかわらずに、そのclass属性がつけられた要素が対象となります。この画面を表示すると、**図2-4-5**のように赤いブロックができあがりました。各プロパティを見ていきましょう。

入会申込み

入会するには、次のフォームに必要事項をご記入下さい。

メールアドレス:

パスワード:

登録する

図2-4-5

背景色を変更する ― background-color

❶の「background-color」プロパティは、背景色を決めるプロパティです。ここでは、いったんブロックの範囲が分かりやすいように、ピンク色にするための「#fcc」を指定しました。色の指定には、複数の方法があります。順に見ていきましょう。

1. カラーネームでの指定

基本的な色の場合は、英単語で指定できます。

例)

```
01  background-color: black;    /* 黒になります */
```

次の16色が指定できます。

black、gray、silver、white、blue、navy、teal、green、lime、aqua、yellow、red、fuchsia、olive、purple、maroon

この他に、X11の色名称というのを使うこともできますが、ここでは省略します。

2. rgbでの指定

RGB法で色を指定する方法です。この方法は、光の三原色（Red, Green, Blue）の3色を混ぜ合わせて色を作り上げる方法です。次のような書式で指定します。

rgbでのカラー指定の書式

```
01  プロパティ : rgb(Red, Green, Blue);
```

Red、Green、Blueには0から255の数字を指定します。たとえば背景色を真っ赤にするには、次のようにします。

例)

```
01  background-color: rgb(255, 0, 0);   /* 赤になります */
```

各色を0から255までの256段階で指定し、255がもっとも強くなります。または、%を付加することで0%から100%で指定することもできます。

> MEMO
> 最高値が255というのは中途半端な数字に感じますが、これは2進数という数え方を採用しているため。詳しくはP.067のコラムで紹介します。

例)

```
01  background-color: rgb(50%, 50%, 0%);   /* 緑になります */
```

3. 16進数記法での指定

先のRGB法をもとに、それぞれの色を16進数で指定したものを6桁、または3桁に並べて指定します。
これをカラーコードと言います。たとえば、次の色の指定をカラーコードにしてみましょう。

> MEMO
> 16進数については、P.067のコラムを参照してください。

```
01  background-color: rgb(255, 0, 51);   /* ピンクよりの赤になります */
```

255は、16進数で「ff」、0は「00」、51は「33」となります。これを#に続けて左から並べて、次のように記述します。

```
01  background-color: #ff0033;
```

書式は次の通りです。

16進数でのカラー指定の書式

```
01　プロパティ : #RRGGBB;
```

また、先のように「ff」や「33」など、同じ数字の連続で色が指定できる場合は1つ1つを省略して3桁にすることができます。
この方法での指定が一番よく使われます。

```
01　background-color: #f03;　/* #ff0033と同じ */
```

4. rgbaでの半透明を使った指定

先のrgbにもう1つ「透明度」を足して半透明を指定することもできます。透明度は、0（透明）から1（不透明）までの小数で指定します。なお、少数は「0.5」と指定することもできますが、0を省略して「.5」と指定することもできます。

MEMO
なお、rgbaの指定は古いWebブラウザーで対応していないものでは、色がつきません。

例）

```
01　background-color: rgba(0, 0, 0, .5);　/* 不透明度 50%の黒 */
```

5. hslおよびhslaでの指定

HSL色空間（またはHSV色空間や、HSB色空間とも言われます）を利用して色を指定します。色相（Hue）、彩度（Saturation）、明度（Lightness）の成分を利用して指定する方法で、RGB法に比べて「同系色の色で少し暗めの色」とか「同じ明るさの他の色」などに調整するときにやりやすいという特徴があります。

MEMO
色についての知識がない場合は、無理にhsl、hslaを使う必要はないでしょう。

次のような書式で指定します。

hslを使ったカラー指定の書式

```
01　プロパティ : hsl(色相 , 彩度 , 明度);
```

色相は、0から360の角度。彩度と明度は0%から100%の割合で指定します。

例）

```
01  background-color: hsl(0, 100%, 50%);    /* 赤 */
02  background-color: hsl(120, 100%, 50%);    /* 緑 */
```

また、透明度を加えたhslaもあります。

例）

```
01  background-color: hsla(0, 100%, 50%, .5);
```

もっとも利用される色指定は、RGBでの16進数指定です。とはいえ、自分で指定するというよりはエディターソフトや、画像編集ツールなどでこのカラーコードを作り出すことができるため、それを利用して指定することが多いでしょう。VSCodeでの利用方法もコラムを参照してください。

MEMO

VSCodeでカラーコードを作る方法は、P.068を参照してください。

幅を指定する — width

「width」プロパティは、ブロックの幅を決めるプロパティです。ここでは、600pxの幅に固定したため、ウィンドウの大きさなどにかかわらずこの幅になりました。

COLUMN

16進数とは

「進数」は、数学の世界などで数字を扱うときの方法で、私たちが普段利用しているのは「10進数」です。これは0から9の10種類の数字を利用し、9の次は10（じゅう）となります。

コンピューターは内部のデータを「2進数」で扱っていて、これは0と1の2種類の数字だけを利用します。10進数の2にあたる数字が「10（イチゼロ）」となり、以後「11」「100」「101」といった具合に桁数が上がっていきます。RGB法で各色が「255まで」という中途半端な数字なのは、8桁の2進数の最大値、「11111111」を10進数に直すと「255」になるからです。

このように、2進数でキリの良い数字は、10進数では、8, 16, 32, 64, 128, 256…など中途半端に感じる数字ばかりになってしまいます。

そこで、もうすこし使い勝手の良い「16進数」が利用されます。これは0から9と、a, b, c, d, e, fの6つのアルファベットを利用し、15までを1桁で表せるようにした進数です。たとえば10進数の11がb, 15がfとなり、16が10（イチゼロ）になります。この場合、先の「11111111」は、16進数で「ff」となり、2桁で必ず表せるため、キリが良くなるのです。

COLUMN

VSCodeにカラーピッカーを導入しよう

VSCodeでは、標準でCSSのカラープレビュー機能が搭載されています。CSSにカラーコードを書き込むと、どんな色なのかをその左側に表示してくれるというものです（**図2-4-B**）。

図2-4-B

これは、カラーコードがあらかじめ分かっていれば助かる機能ですが、カラーコードを手で打ち込むのが難しい場合は、「カラーピッカー」を使うと便利です。VSCodeに標準では備わっていませんが、「拡張機能」で機能を追加することができます。

メニューから「表示→拡張機能」をクリックして、サイドバーに拡張機能パネルを表示させせます。上部の検索窓に「color picker」と入力してください。いくつかの拡張機能が表示されます（**図2-4-C**）。

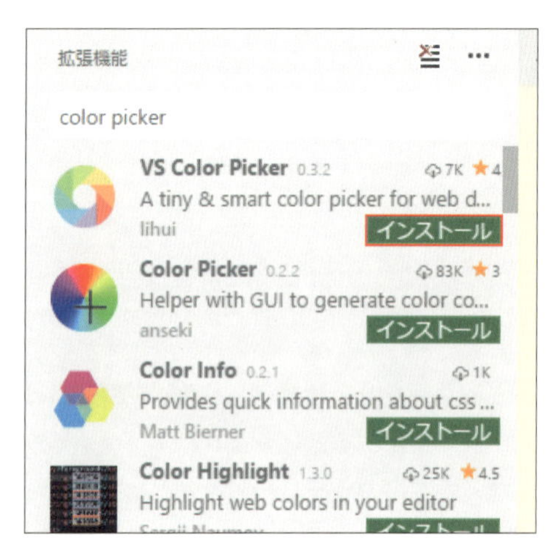

図2-4-C

たとえば「VS Color Picker」という拡張機能の［インストール］ボタンをクリックしてみましょう。その後VSCodeを再起動し、CSSファイルで、次のように打ち込んでみましょう。

```
color: #
```

ここまで打ち込むと、**図2-4-D**のようなバーが表示されます。［パレット］ボタンをクリックするとカラーピッカーが表示されて、色を選択することができたり、［スポイト］ボタンで画面上の色をピックアップすることができます。

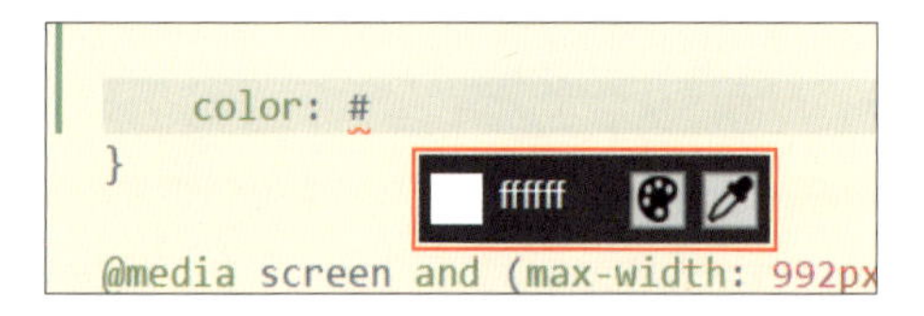

図2-4-D

他のエディターソフトにも、同様の機能や拡張機能がある場合があるので、好みのものを探してみるとよいでしょう。

ブロックを中央に揃える

次に、ブロックを中央に揃えましょう。次のように追加します。

style.css

```
01 .content {
02   background-color: #fcc;
03   width: 600px;
04   margin: 10px auto;
05 }
```

これで、中央に揃いました（**図2-4-6**）。

marginプロパティは、すでに紹介しましたが、ここではショートハンドが使われ、上下が10pxで左右が「auto」という設定になっています。左右の「margin」を「auto」とすると、CSSで自動的にWebブラウザーの幅が取得されて、真ん中に来るように調整されます。Webブラウザーの幅を変えても、ちゃんと計算し直されて配置されます。

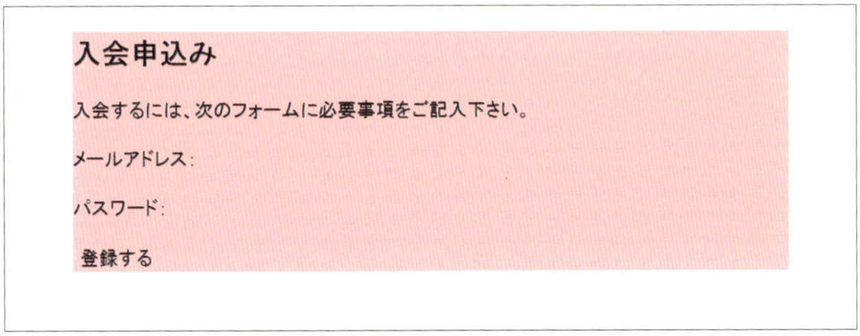

図2-4-6

では、背景色も元に戻して、全体のスタイルを整えていきましょう。

style.css

```
01 .content {
02   background-color: #fff;
03   width: 600px;
04   margin: 10px auto;
05   border: 1px solid #d1d1d1;  ----❶
```

▶次ページに続く

```
06    padding: 30px; ----❷
07    }
```

これでブロックの完成です（**図2-4-7**）。

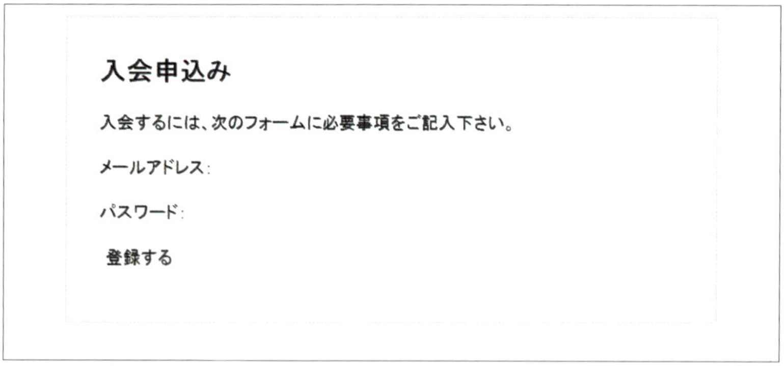

図2-4-7

ここで新しく利用したプロパティを紹介していきましょう。

枠線を引く — border

P.069の❶のborderプロパティは、要素に枠線を引くためのプロパティです。書式は次のようになります。

borderプロパティの書式

```
01  border: 枠線の幅 枠線の種類 枠線の色 ;
```

上の例では、1pxの1本の線（solid）を、薄いグレー（#d1d1d1）で引きました。

borderプロパティは、次のプロパティのショートハンドになっています。

- border-width　**枠線の幅**
- border-style　**枠線の種類**
- border-color　**枠線の色**

さらに、borderには、以下のように上下左右それぞれのプロパティもあり、borderプロパティを使うと上下左右が統一された枠線になります。

- border-top　上部の枠線
- border-right　右側の枠線
- border-bottom　下部の枠線
- border-left　左側の枠線

さらには、この上下左右に、幅、種類、色それぞれのプロパティも存在します。

- border-top-width　上の枠線の幅
- border-top-style　上の枠線の種類
- border-top-color　上の枠線の色

要素内の余白を設定する ― padding

「padding」プロパティは、余白の設定です。「margin」プロパティとの違いは「要素の中の余白である」という点です（**図2-4-8**）。

<div>要素や<button>要素など、要素の中に文章などが入り込む場合、要素内余白がないと、**図2-4-9**のように上下左右がくっついた状態になります。ここに余白を設定するのが「padding」プロパティです。

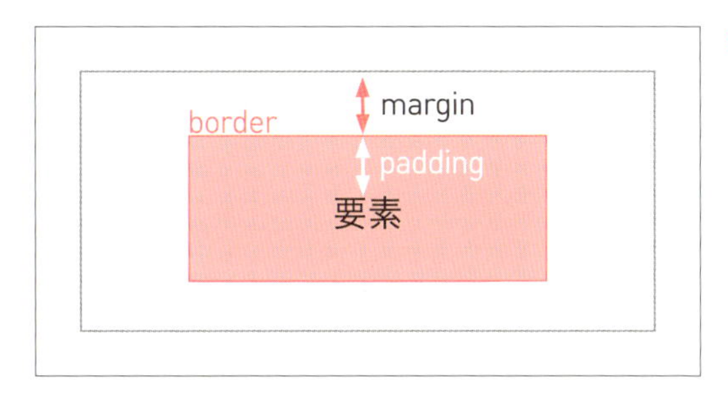

図2-4-8

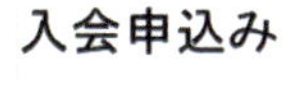

図2-4-9

ここでは、30pxに設定して**図2-4-7**のようにしました。

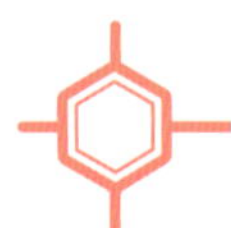

細かな装飾を調整する

フォームパーツの見た目を調整する

続いて、今は背景に馴染んでしまって見えなくなっている、テキストフィールドを調整しましょう。次のようなCSSを追加します。

style.css

```
01  ...
02  input {
03    border-bottom: 1px solid #d1d1d1; ----❶
04    font-size: 1.2em; ----❷
05    width: 100%; ----❸
06    padding: 8px;
07  }
```

テキストフィールドも、**borderプロパティ**で枠線などを引くことができます。

ここでは、シンプルな見た目にするため、下線のみとしました（❶）。「width」で幅を<div>要素内一杯の指定にし（❸）、フォントの大きさを少し大きく設定しました（❷、**図2-4-10**）。

入会申込み

入会するには、次のフォームに必要事項をご記入下さい。

メールアドレス：

パスワード：

登録する

図2-4-10

ボタンを作成する

続いて、ボタンを作成していきましょう。完成形は**図2-4-11**です。

まずは、分かりやすいところからスタイルを当てていきます。CSSファイルに、次のように追加しましょう。

メールアドレス:

パスワード:

登録する

図2-4-11

style.css

```
01  ...
02  button {
03    width: 100%;
04    background-color: #2096F3;
05    color: #fff;
06    padding: 15px;
07  }
```

<button>要素の**幅**（width）と**背景色**（background-color）、**要素内余白**（padding）、**文字色**（color）を調整しました（**図2-4-12**）。

新しいプロパティを紹介しましょう。

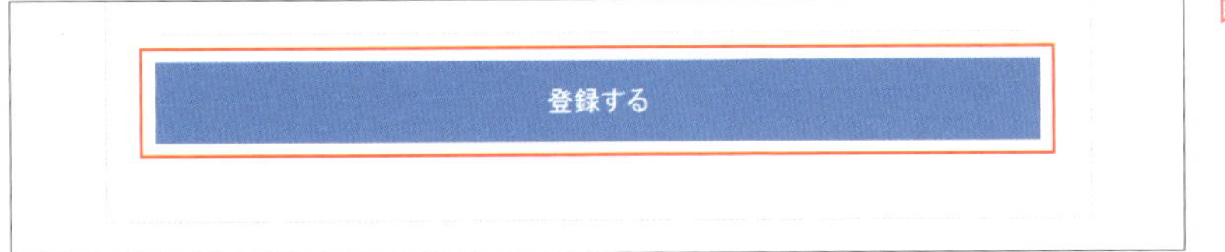

図2-4-12

文字の色を変更する — color

「color」プロパティは、**文字の色**を変更するためのプロパティです。

background-colorプロパティと同様の方法で、色を指定することができます。

要素を角丸にする — border-radius

もう少し、このボタンに装飾を加えて見ましょう。ボタンの角を少し丸めて、「角丸」を作成するプロパティが「border-radius」プロパティです。<button>要素の最後に次のように追加しましょう。

style.css

```
01  button {
02    ...
03    border-radius: 3px;
04  }
```

書式は次の通りです。

border-radiusの書式

```
01  border-radius: 角のアール（丸み）
```

3pxだと**図2-4-13**のようになります。少し違いが分かりにくいですが、大きな数字にすると分かりやすくなります。10pxに設定すると、**図2-4-14**のようになります。ここでは3pxで進めましょう。

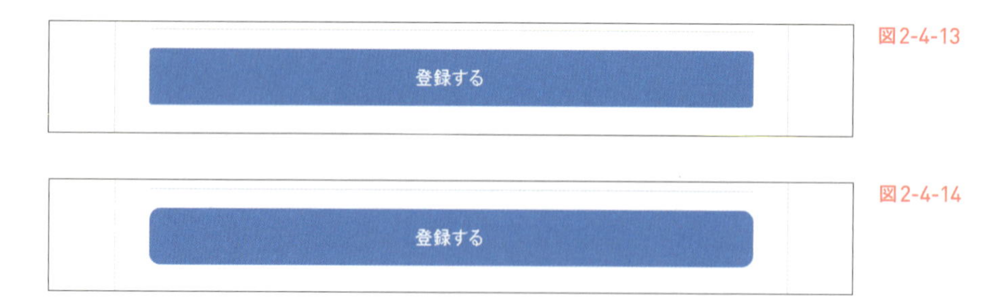

図2-4-13

図2-4-14

ドロップシャドウをかける — box-shadow

続いて、ブロックに影をつける、いわゆる「ドロップシャドウ」を作成してみましょう。「box-shadow」プロパティを使います。<button>要素の最後に次のように追加しましょう。

style.css

```
01  button {
02    ...
03    box-shadow: 0 0 8px rgba(0, 0, 0, .4);
04  }
```

さまざまな値を指定していますが、次のような書式になります。

box-shadowの書式

```
01  box-shadow: x位置 y位置 ぼかし 色
```

「ぼかし」の値は大きくするほどぼけた感じになり、小さくするほどくっきりした影になります。「色」には、カラーコードやrgbなどでの色指定が利用できます。ここでは、rgbaを利用した半透明の色を使いました。

これで、ボタンが完成です。完成したCSSは次の通りです。

style.css

```
01  button {
02    width: 100%;
03    background-color: #2096F3;
04    color: #fff;
05    padding: 15px;
06    border-radius: 3px;
07    box-shadow: 0 0 8px rgba(0, 0, 0, .4);
08  }
```

角丸やドロップシャドーを少しかけることで浮いている感じを出すことができ、「押せそう」という効果を演出することができます。

登録する

図2-4-15

COLUMN

ベンダープリフィックスについて

border-radiusや、box-shadowプロパティは、古いWebブラウザーでは対応していないため、角が丸くならなかったりドロップシャドウがつかなかったりします。ただし、次のような記述をすると、有効になるWebブラウザーもあります。

例)

```
-webkit-border-radius: 8px;
-moz-border-radius: 8px;
-ms-border-radius: 8px;
-o-border-radius: 8px;
border-radius: 8px;
```

この「-(ハイフン)」から始まるプロパティを、「ベンダープリフィックス（またはプレフィックス）」が付加されたプロパティと呼び、正式なプロパティではなく、Webブラウザーの開発元（ベンダー）が独自に定義しているプロパティです。

CSSの新しい規格が策定されている間、「角を丸くするプロパティ」というのは実装されることが予想されていました。しかし、どのようなプロパティの形式になるかが分からなかったため、各ブラウザーベンダーは「予想」でプロパティを先行でサポートしてしまったのです。とはいえ、正式なプロパティが決まったとき（勧告）にプロパティ名が同じになってしまったりするとおかしなことになってしまうため、独自の接頭文字（プリフィックス）を付加したプロパティを使っていました。

ChromeやSafariが「-webkit」、Firefoxが「-moz」、IEが「-ms」、Operaが「-o」です。本書では、ベンダープリフィックスは付加しない形で解説をしていきますが、必要に応じて過去のWebブラウザー用にベンダープリフィックスを付加したプロパティも付記すると良いでしょう。

テキストフィールドを整える

続いて、フォームパーツを整えていきます。

マークアップを変更する

ここで、現在入力フォームは、<p>要素でマークアップされています。しかし、フォームは「段落」とは言えないため、先に紹介した<div>要素に変更します。次のようにマークアップを変更していきます。

index.html

```
01 	<p>入会するには、次のフォームに必要事項をご記入下さい。</p>
02 	<div class="control">
03 	  <label for="mymail">メールアドレス</label>
04 	  <input id="mymail" type="email" name="mymail">
05 	</div>
06 	<div class="control">
07 	  <label for="passcode">パスワード</label>
08 	  <input id="passcode" type="password" name="passcode">
```

```
09        </div>
10        <div class="control">
11          <button type="submit">登録する</button>
12        </div>
```

ここでも、class属性を付加してフォームパーツを示す「control」というクラス名にしました。<p>要素と違って、<div>要素は標準で余白が設定されないため、調整しておきましょう。

style.css

```
01  ...
02  .control {
03    margin-bottom: 3em;
04  }
```

フォームのラベルを指定する — <label>

<label>要素は、<input>要素などのフォームパーツと共に利用されます。各フォームパーツの「ラベル」を設定するためのもので、「for」という特別な属性を指定できます。次のような書式で設定します。

<label>要素の書式

```
01  <label for="<input>要素などフォームパーツのid属性">ラベル名</label>
02  <input type="..." id="..."...>
```

for属性には、そのラベルの対象となるフォームパーツのid属性を指定します。以下では<input>要素のid属性を指定しています。

```
01  <label for="mymail">メールアドレス</label>
02  <input id="mymail" type="email" name="mymail">
```

すると、フォームパーツとラベルが関連付きます。見た目にはそれほど変化がありませんが、このラベルをタップまたはクリックしたときに、フォームパーツにフォーカス（テキストカーソルが移動）します。そのため、きちんと設定しておきましょう。

<label>要素はインライン

さて、ここで<label>要素と<input>要素の間に、少し余白を設定したいため、次のようなCSSを追加してみましょう。

style.css

```
01  ...
02  label {
03    margin-bottom: .5em;
04  }
```

しかし、これはうまく反映されません。数字を変えても、まったく余白が変わりません。なぜでしょう？

実は、<label>要素は「インライン」（詳しくは後述）であるため。今、テキストフィールドはラベルの下に表示されていますが、これは「たまたま」折り返されているだけで、「下に」表示されているわけではないのです。

少しCSSを変更して、分かりやすくしてみましょう。<input>要素のCSSで、次の記述をコメントにしておきます。

style.css

```
01  input {
02    border-bottom: 1px solid #d1d1d1;
03    font-size: 1.2em;
04    /* width: 100%; */
05    padding: 8px;
06  }
```

すると、**図2-4-16**のように1行の中に収まりました。<label>要素がインラインであるため、<input>要素が改行されていないのです。HTMLの要素はこのように、改行されない「インライン」であるものと、改行される「ブロック」であるものが存在します。

HTML4以前ではこれらを分類して「インライン要素」「ブロック要素」といったカテゴリーがありましたが、HTML5では実質的にはその分類は廃止されました。

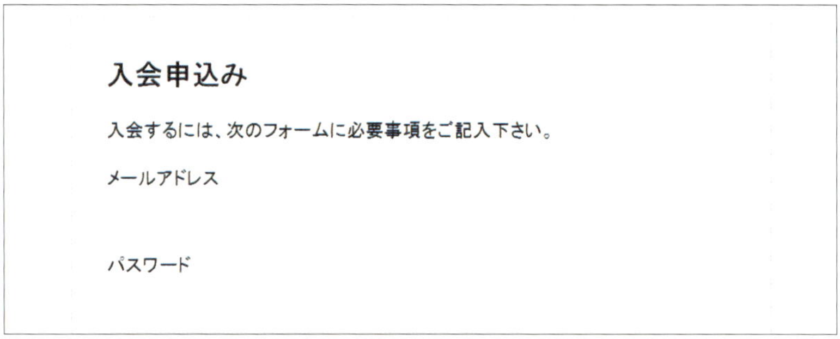

図2-4-16

入会申込み

入会するには、次のフォームに必要事項をご記入下さい。

メールアドレス

パスワード

そのため、このままでは「下に」余白を設定することはできません。ただしこの「インライン」と「ブロック」はCSSで相互に変更が可能です。

そこで、<label>要素を「ブロック」にしてみましょう。次のように追加します。

style.css

```
01  label {
02    display: block;
03    margin-bottom: .5em;
04  }
```

「display」プロパティを「block」に設定したことで、**図2-4-17**のように改行されました。

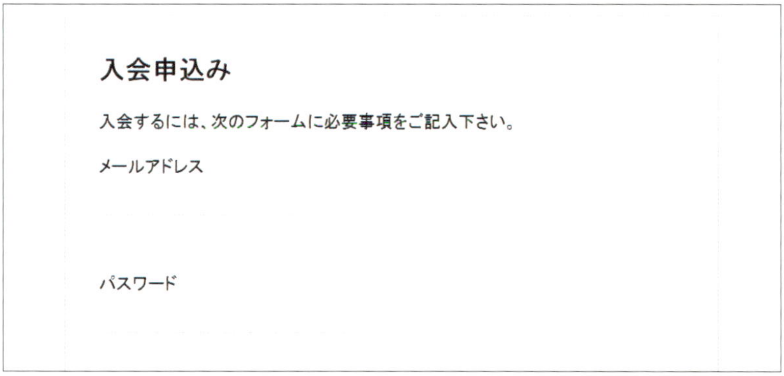

図2-4-17

入会申込み

入会するには、次のフォームに必要事項をご記入下さい。

メールアドレス

パスワード

これで、下余白も設定されたので、後はテキストフィールドの幅を100%に戻しておきましょう。

style.css

```
01  input {
02    border-bottom: 1px solid #d1d1d1;
03    font-size: 1.2em;
04    width: 100%;
05    padding: 8px;
06  }
```

表示の方法を設定する ― display

displayプロパティは、インラインとブロックを相互に変換するときによく利用されます。値の用途は以下の通りです。

- inline　**インラインにする**
- block　**ブロックにする**

もう1つよく使われるのが、表示を消す「none」です。

- none　**表示させなくする**

注意書きを設定する

次に、**図2-4-18**のような必須項目の注意書きを追加しましょう。まずは、HTMLを変更します。

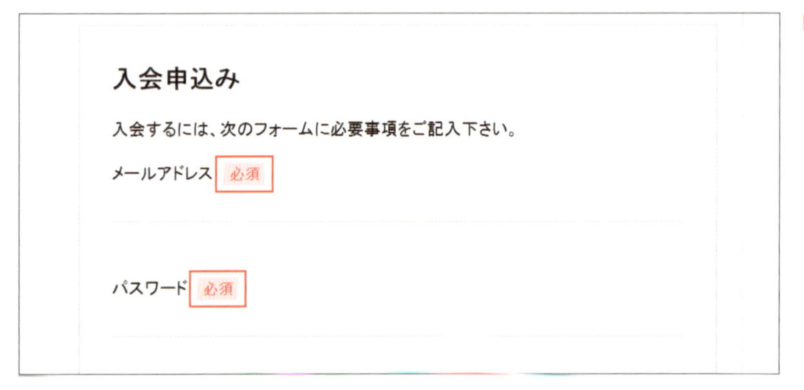

図2-4-18

index.html

```
01  <div class="control">
02    <label for="mymail">メールアドレス <span class="required">必須</span></label>
03  ...
04    <label for="passcode">パスワード <span class="required">必須</span></label>
05  ...
06  </div>
```

インラインで要素をグループ化する ― <span>

<span>要素は、<div>と同様にそれ自身は大きな意味はなく、ある範囲をマークアップしてidやclassを付加できる便利なタグです。<div>との違いは、インラインであるという点。先に説明した通り、他の要素が隣り合わせになってしまった場合に、行が折り返されずに表示されます。ここでは、class属性に「required」とつけているので、これにスタイルを当てていきます。

style.css

```
01  ...
02  .required {
03    margin-left: .3em;  /* 左の余白を0.3em (1文字の30%) に */
04    color: #f33;     /* 文字の色を#f33に */
05    font-size: .9em;    /* フォントサイズを0.9em (1文字の90%) に */
06    padding: 3px;    /* 要素内余白を3pxに */
07    background-color: #fee; /* 背景色を#feeに */
08    font-weight: bold;
09  }
```

これで、**図2-4-18**のようになれば完成です。ここで新しく登場したプロパティは、「font-weight」です。

文字の太さを調整する ― font-weight

font-weightプロパティは、文字の太さを変化させるプロパティです。設定できる値は、100から900までの100ずつの単位と、「normal」「bold」「lighter」「bolder」の4種類です。標準はnormalおよび、400です。

例)

```
01  font-weight: 100;
02  font-weight: 300;
03  font-weight: 900;
04
05  font-weight: bold;
06  font-weight: normal;
07  font-weight: lighter;
08  font-weight: bolder;
```

ただし、この設定はCSSで設定すれば必ず太さが変わるとは限りません。ユーザーが閲覧している環境に、その太さの「フォントデータ」が入っていなければ設定されず、「normal」と同じ状態になります。特に、数字での指定は9種類もの太さの環境を持っているユーザーはなかなかおらず、細かな設定はほとんど意味がない状態となります。

実質的に利用されるのは「bold」と「normal」程度になります。

仕上げ作業をしよう

最後に、背景全体を灰色で塗りつぶすため、次のような記述を追加します。

style.css

```
01  ...
02  body {
03    background-color: #fafafa;
04  }
```

これでこのChapterの入会フォームが完成です。HTMLとCSSだけで、かなりの表現が可能なことが分かります（完成した全体像はP.024の**図2-1-1**になります）。

ここで作成したフォームは簡易的なものです。Chapter 4で、フォームについてさらにしっかり紹介します。

HTML
CSS

スマートフォン対応のきほんを学ぼう

CHAPTER 3

ここからは、また別のサンプルを作成しながら、HTML/CSSのその他の部分を見ていきましょう。今回は、**図3-1-1**のような音楽アルバムの紹介ページを作成します。また、このページはスマートフォンで閲覧すると**図3-1-2**のようになります。このように、アクセスされた端末によって変わるようなレイアウトを「レスポンシブWebデザイン」と呼びます。これらについても詳しく紹介していきます。

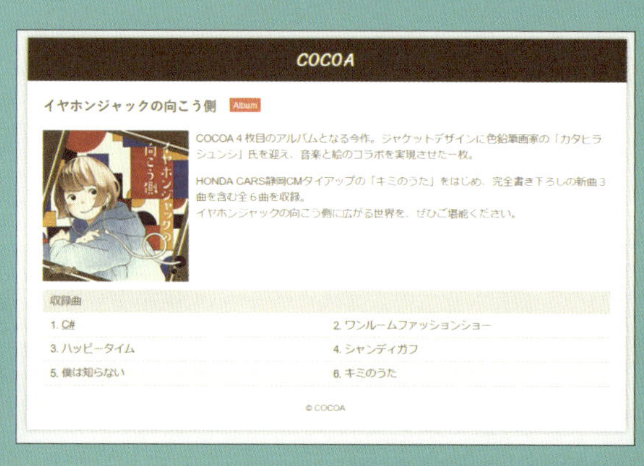

図3-1-1

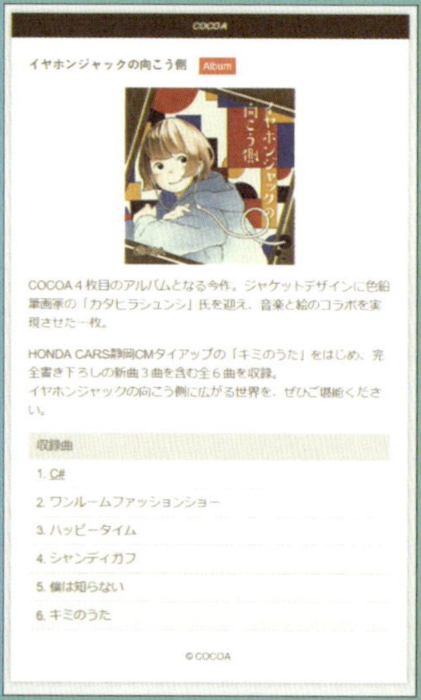

図3-1-2

基本のレイアウトを作ろう（1）

SECTION 01

まずは、大きな画面（PC）用のサイトを作成していきましょう。P.083掲載の**図3-1-1**の形を作ります。
これまでに学習した内容が多々出てくるので、復習を兼ねて進めていきましょう。

HTMLを作成する

まずは、Chapter 2と同様に次のようなHTMLを準備します。
「sample03」といった名前のフォルダを作成して、「index.html」という名前で保存しておきましょう。次のHTMLを入力します。

index.html

```
01  <!DOCTYPE html>
02  <html>
03  <head>
04    <meta charset="UTF-8">
05    <title>イヤホンジャックの向こう側</title>
06    <meta name="viewport" content="width=device-width">
07  </head>
08  <body>
09    <h1>イヤホンジャックの向こう側</h1>
10  </body>
11  </html>
```

続いて、Chapter 2で利用した「sanitize.css」をコピーします。ここでは、「css」フォルダーを作成し、その中にペーストして納めました。さらに同じフォルダーに、「style.css」を準備しましょう。style.cssからsanitize.cssをインポートしておきます。

style.css

```css
@import url(sanitize.css);
```

そして、HTMLファイルからはstyle.cssを読み込みます。

index.html

```html
    <link rel="stylesheet" href="css/style.css">
</head>
...
```

これで準備完了です。順番にスタイルを整えていきましょう。

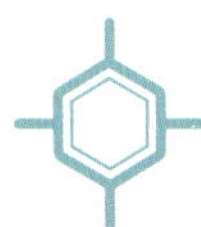

サイトの見出しを作る

まずは、**図3-1-3**の上部部分に注目しましょう。このサイトのサイト名が記載されています。これは、どんな要素でマークアップするのが良いでしょうか？

COCOAというのはアーティストの名前、「イヤホンジャックの向こう側」というのはアルバムの名前です。素直に考えると、次のようにアーティスト名を「見出し1」、アルバム名を「見出し2」とするのが良さそうです。

図3-1-3

index.html

```html
...
<body>
    <h1>COCOA</h1>
    <h2>イヤホンジャックの向こう側</h2>
</body>
...
```

しかし、このWebページはあくまでもアルバムを紹介したページであることを考えると、アルバム名がこのページを表わす見出しと言えます。そのため、以下のように「見出し1」にしたくなります。

index.html

```
01  <h1>COCOA</h1>
02  <h1>イヤホンジャックの向こう側</h1>
```

しかし、1ページに「見出し1」が2つ以上あるのは不自然です。どちらが実際にタイトルを示しているのか分からなくなります。そこで、ここでは「**セクション**」を分けることにします。

次のように各見出しをマークアップしていきましょう。

index.html

```
01  <body>
02    <header>
03      <h1>COCOA</h1>
04    </header>
05    <section class="information">
06      <h1>イヤホンジャックの向こう側</h1>
07    </section>
08  </body>
```

アーティスト名を<header>で、アルバム名を<section>でマークアップしました。<section>は<div>要素と同様に、それだけでは意味を持たないためclass属性で名前をつけておきました。

COLUMN

見出しのマークアップの考え方

本文のような場合、もう1つの方法としてアーティスト名は<p>要素でマークアップするという方法もあります。どのようにマークアップするかには正解はないため（HTML5の仕様などに沿う必要はありますが）、スタイルをしやすい方法や、その要素の位置づけなどで考えていく必要があります。

index.html

```
01  <p class="header">COCOA</p>
02  <h1>イヤホンジャックの向こう側</h1>
```

COLUMN

領域を分ける、セクショニングコンテンツ

HTML要素は、それぞれ役割に応じて分類が決められています。次のような分類があります。

- **セクショニングコンテンツ**　<section>などセクション（領域）を分ける要素
- **ヘッディングコンテンツ**　<h1>から<h6>までの見出しにする要素
- **フレージングコンテンツ**　<p>要素など、ページ内のテキスト要素
- **埋め込みコンテンツ**　ビデオの埋め込みなど、外部のコンテンツを埋め込む要素
- **インタラクティブコンテンツ**　<button>要素など、ユーザーの操作を受け付ける要素
- **メタデータコンテンツ**　<style>など、主に<head>要素内に記述する要素

各要素は重複している場合もあり、全体像は**図3-1-A**のようになります。
そして、メタデータコンテンツの一部を除いて、フローコンテンツにも分類されるという具合です。

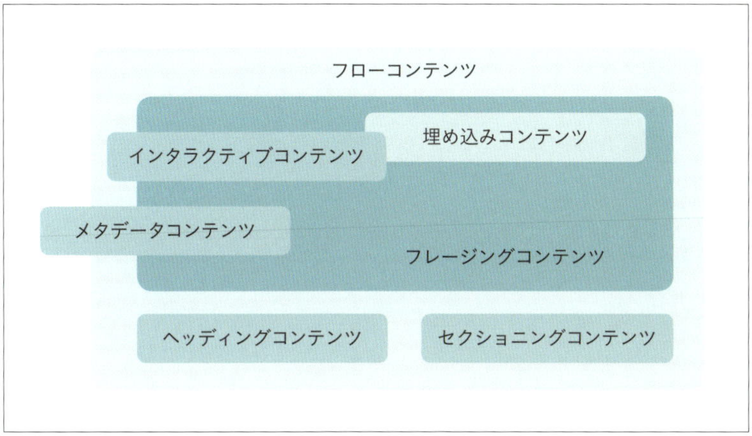

図3-1-A

本文で紹介した<header>要素や<section>要素は、セクショニングコンテンツの一部です。セクショニングコンテンツには、他にも次のような要素があります。

- **<header>要素**　サイトのヘッダーを示す
- **<main>要素**　サイトのメイン部分であることを示す
- **<nav>要素**　ナビゲーションであることを示す
- **<footer>要素**　フッターであることを示す
- **<section>要素**　領域を示す
- **<article>要素**　記事であることを示す
- **<aside>要素**　補足的な内容であることを示す

ヘッダー部分のスタイルを調整する

それでは、ヘッダー部分を整えていきましょう。Chapter 2に似た部分もあるため、応用しながら作ることができます。

まずは、コンテンツの幅を決めて中央に揃えるため、全体を囲む<div>タグを追加します。

index.html

```
01 <div class="container">
02   <header>
03     <h1>COCOA</h1>
04   </header>
05
06   <section class="information">
07     <h1>イヤホンジャックの向こう側</h1>
08   </section>
09 </div>
```

そして、「style.css」に次のように追加しましょう。

style.css

```
01 body {
02   background-color: #f0f0f0;  /* 背景色をグレーに */
03   padding: 10px;  /* 要素内の余白を 10px に */
04   font-size: 14px;     /* 文字の大きさを 14px に */
05   color: #666;     /* 文字の色を、濃いめのグレーに */
06 }
07
08 .container {
09   width: 800px;    /* 幅を 800px に */
10   margin: 0 auto; /* 左右の余白を auto にして、左右中央揃えに */
11   box-shadow: 0 0 10px rgba(0, 0, 0, .3); /* 影をつける */
12 }
13
14 header {
```

```
15      background-color: #422814;  /* 背景色を茶色に */
16      padding: 10px;  /* 要素内余白を 10px に */
17      color: #fff;    /* 文字色を白に */
18    }
19
20    h1 {
21      margin: 0;  /* 余白をなくす */
22      font-size: 24px;    /* 文字の大きさを 24px に */
23      font-weight: normal;    /* 文字の太さを太くしない */
24      text-align: center; /* テキストを中央揃えに */
25    }
```

ここまでは、Chapter 2までにやったものばかりなので、解説は不要でしょう。これを表示すると**図3-1-4**のようになります。コメントも参考に、理解していってください（コメント部分は実際には書き写さなくても構いません)。

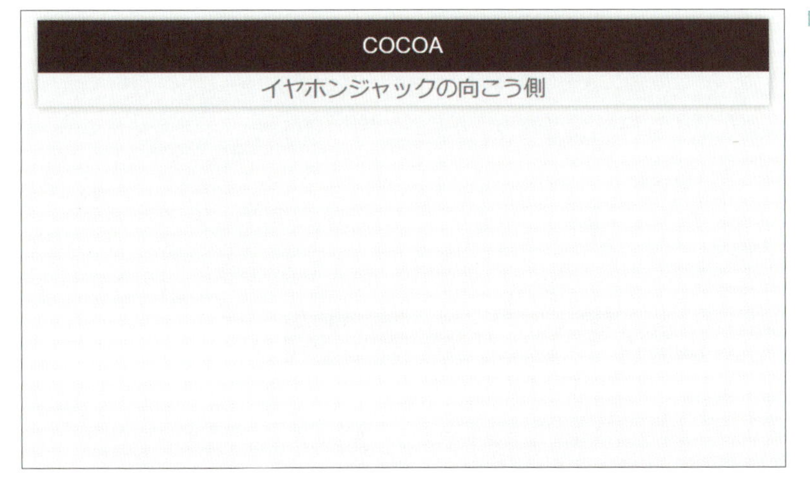

図3-1-4

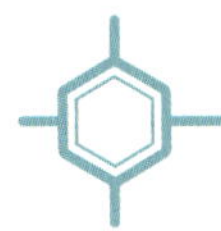

階層を利用してスタイル調整する

さて、ここで、Webブラウザーでの表示をあらためて確認してみましょう。少し変な部分があります。

サイト名とアルバムの名前が両方とも、中央揃えになってしまっています。

これは、CSSに書き加えた「h1」というセレクターが両方に効いてしまっていることが原因です。Chapter 2までは、このような場合にclass属性を使って要素を分けるという方法を紹介しました。

しかしこの場合は、class属性を増やすよりも「階層」を利用した方がより適切でしょう。CSSファイルの「h1」セレクターを、次のように書き換えましょう。

style.css

```
01 header h1 {
02   margin: 0; /* 余白をなくす */
03   ...
```

これで画面を表示すれば、アルバム名にはスタイルが適用されなくなりました（**図3-1-5**）。

セレクターの「h1」の前に「header」と記述しました。これにより、同じ<h1>要素でも、<header>要素の中にある<h1>要素と限定することができたのです。

セレクターにはこのように、複数のタグ名を、半角空白で区切って記述することで「階層」を表すことができます。その他にも、さまざまな指定が可能です（次ページのコラム参照）。

ヘッダーはこれで完成です。

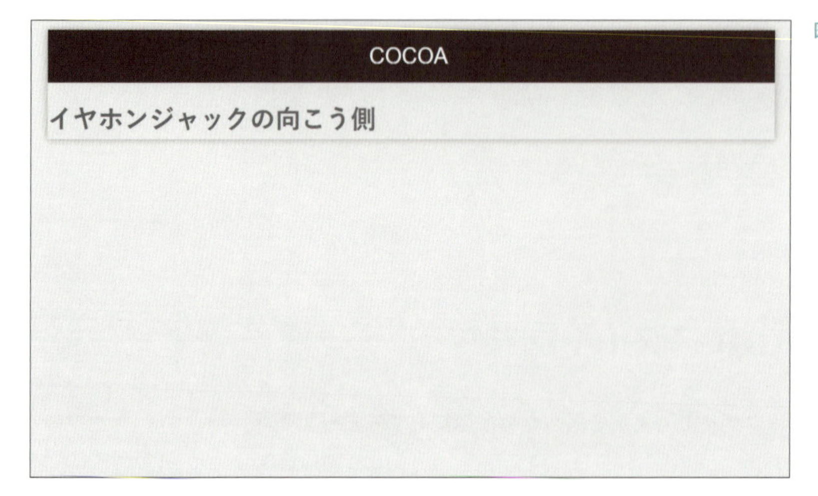

図3-1-5

COLUMN セレクターの種類

CSSを内部参照や外部参照で記載する場合、セレクターを使うことができます。
本文では、タグ名での指定やクラスでの指定を紹介しましたが、この他にもさまざまな指定が可能です。
それぞれ紹介しましょう。

種類	例	説明
全称 セレクター	`* {` `}`	すべての要素に対してスタイルが適用されます。
タイプ セレクター	`p {` `}`	もっとも基本的な、要素名を指定したセレクターです。 この例の場合、<p>要素に対してスタイルが適用されます。
クラス セレクター	`.class {` `}`	本文でも紹介した、class属性による指定です。 「class」のところにクラス名を入れます。
	`p.required {` `}`	このように、要素名に付加することもできます。 この場合、同じ「required」クラスが付加されていても、<p>要素以外は選ばれなくなります。
idセレクター	`#id {` `}`	id属性を指定したセレクターです。 「id」のところにid名を入れます。
	`p#id {` `}`	このように、クラスセレクターと同様、要素名を限定することもできます。

**属性
セレクター**
	`[type] {`
	`}`
	
	`[type='text'] {`
	`}`
		特定の属性で選択することができるセレクターです。「type」のところに属性名を入れます。
		たとえば上の1つ目の例の場合、「type」属性がある要素すべてを選択します。2つ目の例の場合は、次のような「type」属性が「text」となっている要素を選択することができます。
		`<input type="text" name="myname">`

**疑似クラス
セレクター**
	`p:first-child {`
	`}`
	
	`p:last-child {`
	`}`
		このセレクターを使うと、たとえば「<p>要素の最初の要素」や「チェックの付いたチェックボックス」など、要素になんらかの条件を加えて指定をすることができます。
		条件部分の最初に「:」がつくのが特徴です。疑似クラスセレクターについては、P.132で後述します。

子孫 セレクター	`.container p {` `}`	本文で紹介したように、「ある要素の中の要素」など階層を示すことができるセレクターです。間に半角スペースを入れて記述します。これにより、同じ要素でもその囲まれている要素によって限定することができます。 子孫セレクターは以下のように、いくつでも重ねることができます。 `.container p span .active` ただし、あまり階層が深くなりすぎる場合は、分かりにくくなってしまうため、class属性を付加してクラスセレクターにするなど、工夫した方がよいでしょう。

▶次ページに続く

種類	例	説明
子セレクター	.container>span { }	子セレクターは「>」で間をつなぎます。 前述の子孫セレクターの場合、「孫」や「ひ孫」の要素も対象となってしまいます。たとえば次のようなケースです。 HTML <div class="container"> <span>ここが子</span> <div> <span>ここは孫</span> </div> </div> このような場合に、「子」の要素だけに限定したい場合は「>」の記号を付加することで、子に限定することができます。
隣接 セレクター	h1+p { }	隣接セレクターは、その名の通り「隣り合っている要素」（直後に現れる要素）を選択します。 上記の場合、<h1>要素に隣り合う<p>要素を意味するため、次のようになります。 <h1>COCOA</h1> <p>ここが対象</p> <p>ここは隣接していない</p>

COLUMN

CSSの詳細度（Specificity）

Chapter 2で「CSSは後に書かれたものが優先される」と紹介しました（P.060）。しかし、これだけでは正確な解説ではありません。実は、より強いルールが存在しています。
たとえば、「<div class="container">」というHTMLに対して、次のようなCSSを考えてみましょう。

```
01  .container {
02    margin: 0;
03  }
04  div {
05    margin: 10px;
06  }
```

同じ<div>要素にスタイルを当てていて、後に書かれたものが10pxの余白を設定しています。しかしこの場合、上にかかれた0の方が優先されます。これは、「詳細度（Specificity）」という概念が関係しています。
CSSは「よりその要素を詳細に示したものを優先する」というルールがあり、次のような順序で優先順位が高くなっていきます（下に行くほど高い）。

- 全称セレクター
- タイプセレクター
- クラスセレクター
- 属性セレクター
- 擬似クラスセレクター
- idセレクター
- style属性によるインライン指定（P.044参照）

「div」はタイプセレクターで、「.container」はクラスセレクターであるため、「.container」の方が優先順位が高いのです。しかもこれが、複数指定された場合は加算されていきます。この計算方法には、「ポイント制」や「番号制」などいくつかの方法がありますが、まずは余り複雑なセレクターを作りすぎず、HTMLの構造をしっかり作り、シンプルなCSSを保つようにしていくと良いでしょう。P.171も参照してください。

COLUMN

Webサイトで使用する画像形式の特徴

次のSectionからは、ページに画像の挿入を行なっていきます。本編で使用するのはPNG画像ですが、そのほかにもWebサイトで使用できる画像形式はいくつかありますので、その特徴について以下にまとめます。

PNG画像

画質を保ったまま保存できる形式で、半透明色などもサポートしている高機能な画像形式です。ただし、JPEG画像に比べるとファイルサイズが大きくなりがちです。ファイルの拡張子は「.png」です。

JPEG画像

画像サイズを非常に小さくできる画像形式です。写真などに適しています。ただし、イラストなど色のはっきりした画像は、ぼやけてしまうことがあります。ファイルの拡張子は「.jpg」または「.jpeg」です。

GIF画像

PNG画像が普及する以前に利用されていたものです。過去に作られたWebページでは現在でも使われています。また、アニメーション機能があります。ファイルの拡張子は「.gif」です。

SVG画像

「ベクター形式」と呼ばれる形式で保存されるため、拡大・縮小をしてもぼやけることがありません。
ただし、写真やイラストなどには適さないため、ロゴマークや図版などに利用されます。ファイルの拡張子は「.svg」です。

SECTION 02

基本のレイアウトを作ろう (2)

前のSectionに続けて、P.083掲載の**図3-1-1**の形になるように、ページを作成していきます。このSectionでは、画像の挿入や回り込み、リンクの設置、フォントの調整など、Webページ作成には欠かせない大切な項目が新しく登場します。1つずつ進めていきましょう。

画像を挿入する ― <img>

続いて、**図3-2-1**の部分を作成していきましょう。まずは、原稿内容を本書のサンプルファイルからコピーして、index.htmlにペーストします。

イヤホンジャックの向こう側 

COCOA 4 枚目のアルバムとなる今作。ジャケットデザインに色鉛筆画家の「カタヒラシュンシ」氏を迎え、音楽と絵のコラボを実現させた一枚。

HONDA CARS静岡CMタイアップの「キミのうた」をはじめ、完全書き下ろしの新曲 3 曲を含む全 6 曲を収録。
イヤホンジャックの向こう側に広がる世界を、ぜひご堪能ください。

図3-2-1

index.html

```
01  <section class="information">
02    <h1>イヤホンジャックの向こう側</h1>
03    Album
04    COCOA 4枚目のアルバムとなる今作。ジャケットデザインに色鉛筆画家の「カタヒラシュンシ」氏を迎え、
    音楽と絵のコラボを実現させた一枚。
05
06    HONDA CARS 静岡 CM タイアップの「キミのうた」をはじめ、完全書き下ろしの新曲3曲を含む全6曲を
    収録。
07    イヤホンジャックの向こう側に広がる世界を、ぜひご堪能ください。
08  </section>
```

それぞれを<p>タグで囲みましょう。改行されている箇所には、改行を示す
タグを記述します。

index.html

```
01 <section class="information">
02   <h1>イヤホンジャックの向こう側</h1>
03   <p>Album</p>
04   <p>COCOA 4枚目のアルバムとなる今作。ジャケットデザインに色鉛筆画家の「カタヒラシュンシ」氏を
     迎え、音楽と絵のコラボを実現させた一枚。</p>
05
06   <p>HONDA CARS 静岡 CM タイアップの「キミのうた」をはじめ、完全書き下ろしの新曲3曲を含む
     全6曲を収録。<br>
07   イヤホンジャックの向こう側に広がる世界を、ぜひご堪能ください。</p>
08 </section>
```

ここで、アルバムのジャケット写真を掲載しましょう。この場合、「画像ファイル」を挿入させます。Webサイトで主に利用される画像には、PNG画像とJPEG画像、GIF画像とSVG画像があります。それぞれの特徴については、P.093のコラムを参照してください。

ここでは、PNG画像で**図3-2-2**のような画像を準備しました。

図3-2-2

本書のサンプルファイルから画像をコピーして、HTMLファイルのあるフォルダーに「img」フォルダーを作成してペーストしましょう。画像を挿入するには、<img>要素を使います。次のような書式で使います。

<img>要素の書式

```
01 <img src="画像ファイルの場所" alt="代替要素" width="画像の幅" height="画像の高さ">
```

「width」属性と「height」属性は省略することができます。その場合、画像の大きさそのままで表示されます。「alt」属性は、画像が表示できない環境の場合の代替を指定する属性です（このページの下のコラム参照）。

それでは、ジャケット写真を表示しましょう。次のように追加します。

index.html

```
01      <p>Album</p>
02      <img src="img/jacket.png" alt=" イヤホンジャックの向こう側のジャケット写真 ">
03      <p>COCOA 4枚目のアルバムとなる今作。ジャケットデザインに色鉛筆画家の「カタヒラシュンシ」氏を
    迎え、音楽と絵のコラボを実現させた一枚。</p>
```

これで画面を表示すると、**図3-2-3**のように画像が表示されました。

図3-2-3

COLUMN

alt属性の役割

alt属性は「alternative」の略称で、「代替案」といった意味があります。Webページ上に表示した画像というのは、ユーザーの事情によって表示できないケースがあります。

・音声ブラウザーを利用しているユーザー
・通信回線が遅いなどの理由で、画像がロードできなかったユーザー
・Webブラウザーの設定で画像を表示しないようにしているユーザー
・画像に対応していない、超軽量Webブラウザーなどを利用しているユーザー

このようなユーザーの場合、画像が見られないため、画像に重要な情報が記載されている場合などは情報を見逃してしまいます。また、そうでなくても「どんな画像がそこにあるのか」が分からないというのは、気になってしまうでしょう。

そこで、alt属性によって次のようなことを示すことが求められています。

- 画像内に書かれている文字情報（あれば）
- グラフなどの場合は、そのグラフが表わしている内容（売上が右肩上がりであるなど）
- 写真などの場合は、どんな内容の写真であるか

少なくとも、文字情報やグラフなど、その画像自体が情報となっている場合には、必ずalt属性でその代替案を示す必要があるので、気をつけましょう。

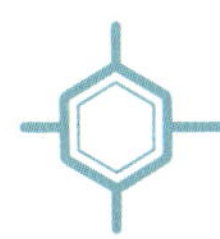

要素を回り込ませる ── float

ここで、P.083の完成図をあらためて見てみましょう。画像の右側に解説文が表示されています。これを「要素の回り込み」と呼び、CSSの「float」プロパティで実現することができます。ただし、floatプロパティは使い方にクセがあるため、少し慣れが必要です。

まずはその前に、この画像と解説文の部分にスタイルを適用しやすくするため、全体を<div>要素として囲っておきます。

index.html

```
01 <div class="description">
02   <img src="img/jacket.png" alt="イヤホンジャックの向こう側のジャケット写真">
03   <p>COCOA 4枚目のアルバムとなる今作。ジャケットデザインに色鉛筆画家の「カタヒラシュンシ」氏を
     迎え、音楽と絵のコラボを実現させた一枚。</p>
04   <p>HONDA CARS 静岡 CM タイアップの「キミのうた」をはじめ、完全書き下ろしの新曲3曲を含む
     全6曲を収録。<br>
05   イヤホンジャックの向こう側に広がる世界を、ぜひご堪能ください。</p>
06 </div>
```

ここでは、「description」というclass属性を付加しました。

次に、style.cssの最後に次のように追加します。

style.css

```
01  ...
02  .description img {
03    float: left;
04    margin: 0 10px 10px 0;
05  }
```

float プロパティは、「left」か「right」、または「none」を指定できます。それぞれ左右に「回り込み」をすることができ、標準は「none」です。たとえば「left」を指定すると、それ以降の要素が、右側に回り込んで表示されます。標準では、回り込んだ要素にぴったりとくっついてしまうため、少し余白を取るために「margin」プロパティのショートハンドで、右と下に10pxの余白を設定しました。

少し表示が崩れてしまったように見えますが、後で調整するので、今はこのままとしておきましょう。

回り込みを解除する — clear

今度は、**図3-2-4**の部分を作ってみます。ここでは、「Album」というマークが同じように「イヤホンジャックの向こう側」の右側に回り込んでいます。このマーク部分は現在、単なる<p>要素になってしまっていますが、特別な装飾を付けるため、class属性を振っておきます。

図3-2-4

index.html

```
01  <p class="type">Album</p>
```

そして、次のようにCSSを追加します。

style.css

```
01  ...
02  .information h1 {
03    font-size: 18px;  /* 文字の大きさを 18px に */
04    margin: 0 10px 10px 0;  /* 余白を下と右に 10px ずつ */
05    float: left;
06  }
07
08  .information .type {
09    display: inline;  /* インラインスタイルに変更 */
10    background-color: #E35A4D;  /* 背景色をピンクに */
11    padding: 3px 5px;   /* 要素内余白を上下 3px、左右 5px に */
12    font-size: 80%;  /* 文字の大きさを少し小さく */
13    color: #FFF;  /* 文字の色を白に */
14  }
```

既に紹介したプロパティは、コメント部分などを参考にしてください。ここでポイントとなるのが、先ほどと同じ「float: left」です。これで、見出しの右側に「Album」というマークが回り込むはずです。

しかし、なにかおかしな表示になってしまいます（**図3-2-5**）。これは、マークだけでなく、ジャケット写真などそれ以下の要素もすべて回り込んでしまっているためです。

図3-2-5

「float」プロパティを指定した要素以降の要素は、すべて回り込もうとします。そのため、回り込ませたい要素以外のものは、「回り込みを解除」する必要があります。

このとき使うのが「clear」プロパティです。ここでは、マーク直後の要素である「description」クラスの<div>要素に指定しましょう。

style.css

```
01  ...
02  .description {
03    clear: left;
04  }
```

これで、解除されました。clearプロパティは次のような書式で書きます。値には、解除したいfloatプロパティと同じ値を指定します。今回の場合は「left」です。

clearプロパティの書式

```
01  clear: (left, right, bothのいずれか);
```

これで画面を再表示すれば、**図3-2-6**のように正しく表示されるようになります。

clearを忘れてしまうと、思わぬ要素が回り込んでしまって、画面が崩れることがあるので気をつけましょう。

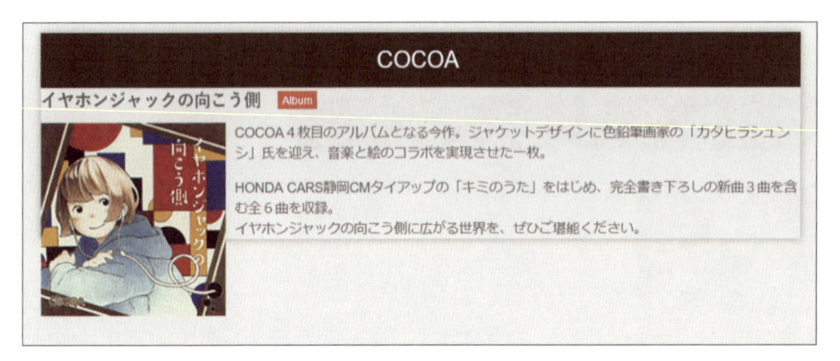

図3-2-6

リストを作る ― <ol>、<li>

最後に、曲目一覧を作りましょう。ジャケット写真と説明の下に、次のようにHTMLを追加します。

index.html

```
01  ...
02        イヤホンジャックの向こう側に広がる世界を、ぜひご堪能ください。</p>
03    </div>
04  </section>
05  <section class="songs">
06    <h2>収録曲</h2>
07    <ol>
08      <li>C#</li>
09      <li>ワンルームファッションショー</li>
10      <li>ハッピータイム</li>
11      <li>シャンディガフ</li>
12      <li>僕は知らない</li>
13      <li>キミのうた</li>
14    </ol>
15  </section>
```

新しい<section>を追加し、class属性を「songs」としました。曲目一覧は**<ol>要素**を使っています。

<ol>は、「Ordered List」の略称で、番号付きのリストを作ることができます。子要素として、**<li>要素**を並べる必要があります（<li>は「List Item」の略称です）。<ol>要素を使うと、上から順番に、自動的に番号を割り振ることができます。

また、属性によってリストの内容を細かく制御することができます。

<ol>要素の書式

```
01  <ol start="開始数字" type="リスト行頭のタイプ" reversed>
```

start属性には、開始番号を指定します。「start="3"」などと指定すると、リストが3から並びます（**図3-2-7**）。

収録曲

3. C#
4. ワンルームファッションショー
5. ハッピータイム
6. シャンディガフ
7. 僕は知らない
8. キミのうた

図3-2-7

type属性には、リスト行頭の数字のタイプを指定します。以下のものから選ぶことができます。

- 1　**数字を使います。標準はこの設定です**
- a　**英小文字を使います（a, b, c…）**
- A　**英大文字を使います（A, B, C…）**
- i　**小文字のローマ数字を使います（i, ii, iii…）**
- I　**大文字のローマ数字を使います（I, II, III…）**

同じような要素に、<ul>要素があります。詳しくはP.106のコラムを参照してください。

reversed属性は、指定すると逆順に数字が割り振られます（図3-2-8）。

また、リスト行頭には、上で紹介した以外の数字やマークを使うこともできます。これには、CSSの「list-style」プロパティを使います。

6. C#
5. ワンルームファッションショー
4. ハッピータイム
3. シャンディガフ
2. 僕は知らない
1. キミのうた

図3-2-8

行頭文字などを指定する ― list-style

list-styleプロパティは次のように使います。

```
01    list-style: スタイル名 行頭の位置 行頭に指定する画像
```

リスト行頭の数字を変えるには「スタイル名」を使います。さまざまな値を指定できますが、代表的なものを紹介します。

- none　**なし**
- disc　**黒い丸**
- circle　**白い丸**
- square　**黒い四角**
- lower-roman　**小文字のローマ数字**
- upper-roman　**大文字のローマ数字**
- lower-greek　**小文字のギリシャ文字**
- decimal　**算用数字**

・decimal-leading-zero　**先頭に0をつけた算用数字**
・lower-latin, lower-alpha　**小文字のアルファベット**
・upper-latin, upper-alpha　**大文字のアルファベット**
・cjk-ideographic　**漢数字**

「行頭の位置」は、以下のような指定ができます。

・inside　**行頭の数字部分を領域の内側に入れる**
・outside　**行頭の数字部分を領域の内側に入れない**

「行頭に指定する画像」には、画像のパスを指定します。

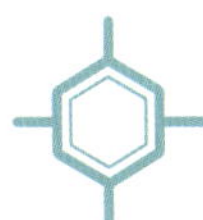

回り込みによる背景の非表示を解消 — clearfix —

<section>が増えたため、これらをまとめるために、<div>要素で全体を囲っておきましょう。

index.html

```
01     <div class="content">
02       <section class="information">
03         ...
04       </section>
05
06       <section class="songs">
07         ...
08       </section>
09     </div>
10   </div>
```

そして、この<div class="content">と、先に追加した曲目一覧に、次のようなスタイルをつけておきます。

style.css

```
01  ...
02  .content {
03    background-color: #fff; /* 背景色を白に */
04    padding: 20px;  /* 要素内余白を 20px */
05  }
06  
07  .songs {
08    margin: 0 0 20px;   /* 下の余白のみ 20px に */
09  }
10  
11  .songs h2 {
12    clear: left;    /* 紹介文の画像回り込みが影響しないようにclear */
13    font-size: 100%;    /* フォントの大きさを本文と同じに */
14    font-weight: normal;    /* フォントの太さを通常通りに */
15    margin: 0;  /* 余白はなくす */
16    background-color: #E6E4DD;  /* 背景色を薄い茶色に */
17    padding: 5px 10px;  /* 要素内の余白を上下 5px、左右 10px に */
18  }
19  
20  .songs ol {
21    padding: 0; /* 要素内余白をなくす */
22    margin: 0;  /* 余白をなくす */
23    list-style: decimal inside; /* リストのスタイルを算用数字に */
24  }
25  .songs li {
26    border-bottom: 1px solid #ccc;  /* 要素の下にのみ枠線を引く */
27    width: 50%; /* 要素の幅を 50% に */
28    float: left;    /* 左に回り込み */
29    padding: 5px 10px;  /* 要素内余白を上下 5px、左右 10px に */
30  }
```

これで**図3-2-9**のように表示されます。

<li>要素の幅を50%にすることで、画面の半分の幅になります。この状態で、floatプロパティをleftにすると、次の<li>要素が回り込みます。この時点で、50%+50%で画面幅一杯になるため、3個目の<li>要素は次の行に表示され、全体としては**図3-2-9**のように表示されるというわけです。

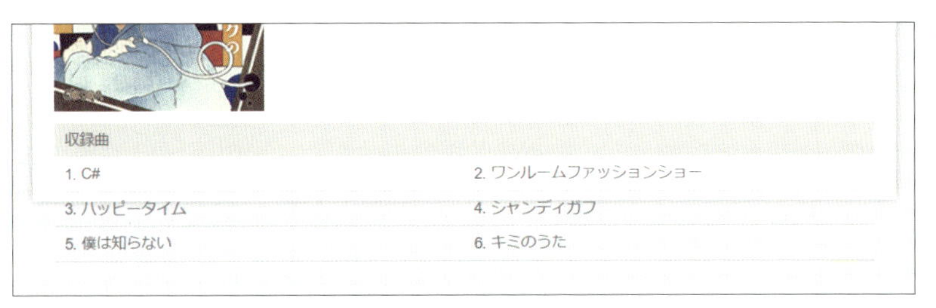

図3-2-9

しかし、ここでおかしなことに気がつきます。背景が途中で途切れてしまっています。これは、「float」プロパティで回り込みをしたことによって、要素の高さがなくなってしまったことが原因です。

「float」プロパティで回り込みをすると、「clear」プロパティによって回り込みが解除されるまでは、その要素の高さが不確定なので「0」となってしまいます。

そして、このWebページの場合、曲目の後に要素がありません。そのため、背景が正しい高さまで描画されず、途中で切れてしまったようになるのです。

そこで、これを解消するのが「clearfix」というテクニック。clearfixは、いわば「裏技」のようなものでHTMLやCSSの仕様上、正式な方法ではありません。しかし、今では一般的なテクニックとして広く活用されています。

style.cssに次のように追加しましょう。

style.css

```
01  ...
02  .clearfix:after {
03    content:" ";
04    display:table;
05    clear:both;
06  }
```

細かなコードの意味はここでは気にする必要はありませんが、疑似的に対象の最後に文字（空白）を追加することで、高さを確定させて背景を描画させます。

これによって「clearfix」というクラスを付けた要素の最後まで、背景が描画されます。そして、このクラスを、「回り込みをしている要素の親」に対して付加します。この場合は、<li>要素が回り込んでいるため、<ol>要素が「回り込みしている要素の親」になります。次のように変更しましょう。

index.html

```
01  <ol class="clearfix">
```

これで、背景も正常に表示されました（**図3-2-10**）。

「float」プロパティは、このように便利な半面、さまざまな箇所に影響が及んでしまい、調整するのが難しいプロパティです。

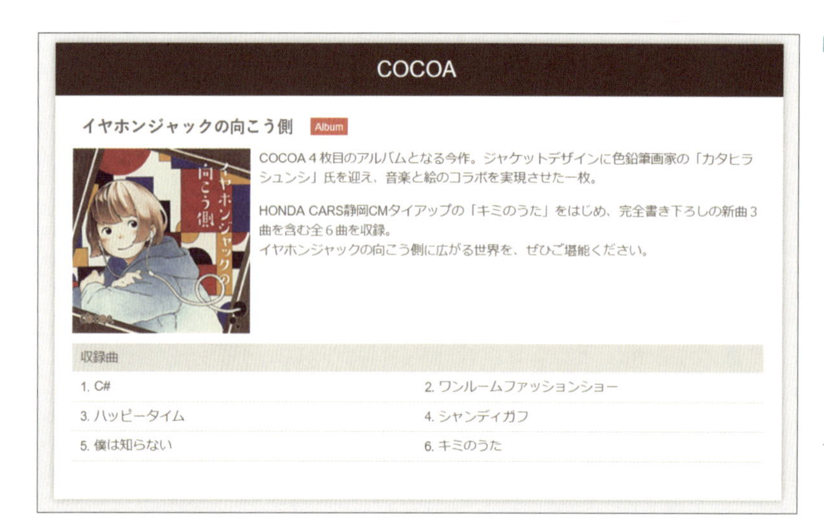

図3-2-10

COLUMN 数字以外のリスト ── <ul>

<ol>要素と同様にリストを作れるのが**<ul>要素**です。「Unordered List」の略称で、順番を問わないリストに使われます。次のように使います（**図3-2-A**）。

- HTML
- CSS
- PHP

図3-2-A

HTML

```
01  <ul>
02    <li>HTML</li>
03    <li>CSS</li>
04    <li>PHP</li>
05  </ul>
```

また、<ul>要素にも<ol>要素同様に、type属性がありましたがHTML5では廃止され、CSSの**「list-style-type」プロパティ**で行頭文字を変更することができます。

CSS

```
01  ul {
02    list-style-type:square;
03  }
```

なお、<ol>要素と同様に「decimal」などを指定することもでき、実際に数字が割り振られます。しかし、これはタグの役割と使い方がずれてしまっているため、きちんと<ol>要素でマークアップするようにしましょう。

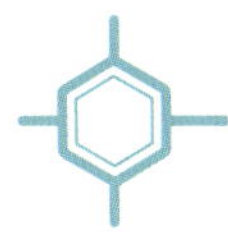

リンクを設置する ― <a>

Webページの魅力の1つは、Webページ内のさまざまな場所に「リンク」を設置して、より詳しく知りたい内容や興味ある内容に、ジャンプできることです。これを利用するには<a>要素を利用します。

ここでは、曲名一覧の「C#」に、次のプロモーションムービーへのリンクを設置しましょう。

・https://youtu.be/vjqTkOISzeY

<a>要素は、次のような書式で書きます。

<a>要素の書式

```
01  <a href="リンク先" target="_self">...</a>
```

「href」属性は、<link>要素で紹介した属性と同じもので、リンク先を指定します。ここに、今のYouTubeへのリンクを設置します。

index.html

```
01  ...
02  <li><a href="https://youtu.be/vjqTkOISzeY" target="_self">C#</a></li>
03  <li>ワンルームファッションショー</li>
04  ...
```

これで、Webページを表示すれば次ページの**図3-2-11**のように青文字で下線が引かれた状態になり、マウスカーソルを重ねると**図3-2-12**のようなカーソルに変化します。

クリックすれば、YouTubeにリンクするというわけです。青文字や下線は、CSSで調整することができます。

図3-2-11

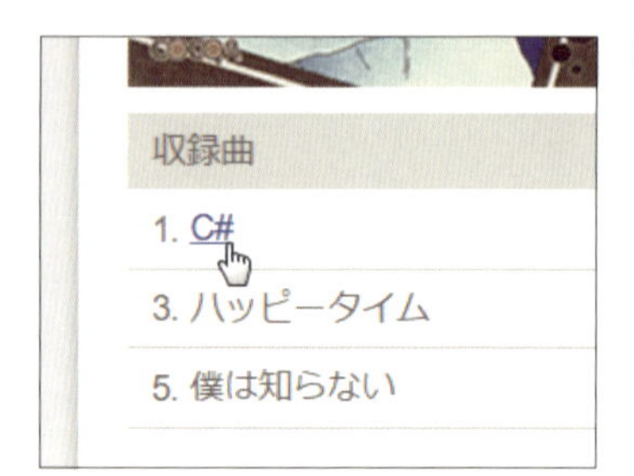

図3-2-12

style.cssに次のように追加しましょう。

style.css

```
01  ...
02  a {
03    color: #666;  /* 文字色をグレーに */
04  }
```

これで、本文と同じ色になり、下線だけ残ります。

下線も調整したい場合は「text-decoration」プロパティで調整すると良いでしょう。

style.css

```
01  a {
02    color: #666;
03    text-decoration: none;
04  }
```

上のようにすると、下線が消えてしまいます。

ただし、特別な理由がなければリンク要素から下線を消すべきではありません。古くから、Webブラウザーではリンクを青字の下線で表現していたため、特に慣れたユーザーからは下線をリンクと認識しやすくなります。

そのため、リンクではない要素に下線を引くのは、あまり好ましいとは言えません。「text-decoration」プロパティは、確認したら削除しておきましょう。

COLUMN

絶対パスとルート相対パス

リンク要素のパスの張り方は、Chapter 02で紹介したCSSへのリンク方法と同様にファイル名やディレクトリー名で張ることができます。
しかし、本文で紹介したYouTubeへのリンクは、そのいずれの方法でもありませんでした。これは「絶対パス」というリンク方法です。
リンクの張り方には次の3種類があります。

相対パス

Chapter 2で説明した通り、ディレクトリー名とファイル名を記述したり、1段階上（../）などの記述を利用してリンクを張る方法です。手軽な半面、ファイルが移動してしまうとリンクが途切れてしまうといった欠点があります。

例）

```
01    <a href="2nd.html">2ページ目へ</a>
02    <a href="../1st.html">1ページへ</a>
```

絶対パス

本文のように、アドレス（URL）をすべて記述する方法です。外部サイトなどにもリンクが張れたり、ファイルを移動してもリンクが途切れないといった利点がありますが、リンク文字列が長くなりすぎるという欠点があります。

例）

```
01    <a href="https://h2o-space.com">H2O space</a>
```

ルート相対パス

常に、スラッシュ（/）から始める手法です。自サイト内のファイルへリンクを張るときに、相対パスのように「自ファイルの場所を基準」とせずに、トップディレクトリーのパス（ルートと呼びます）を基準とします。ファイルを移動してもリンクが途切れないことや、相対パスだと複雑になりすぎる場合に、シンプルになることがありますが、Webサーバー上でなければ利用できないなどの欠点があります（そのため、この方法は試してもリンクが張れませんので注意してください）。

例）

```
01    <a href="/1st.html">1ページ目へ</a>
```

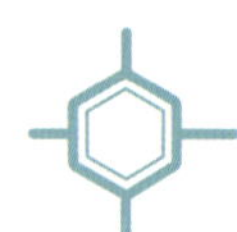

リンクの開き方を調整する — target

<a>要素の「target」属性には、次の値を指定することができます。

- _blank　**新しいウィンドウ・タブで開く**
- _self　**自分自身のウィンドウ・フレームで開く**
- _top　**フレームを解除して開く**
- _parent　**親フレームで開く**

ただし、「_top」と「_parent」は、<frame>要素という「フレーム」を作成するときにのみ利用されますが、現在では<frame>要素自体が利用されることがほぼないため、気にしなくて良いでしょう。

ここでは、「_blank」のみを紹介しましょう。「target」属性を次のように変更してみましょう。

```
01    <li><a href="https://youtu.be/vjqTkOISzeY" target="_blank">C#</a></li>
```

これでリンクをクリックすると、新しいウィンドウ（またはタブ）が開いてリンクが表示されます。

Webサイト外へのリンクなどの場合には、このようにウィンドウを新しく開いた方がよい場合がありますが、これには賛否両論があります（コラム参照）。ルールを定めて利用すると良いでしょう。なお、「_self」の場合は省略することができます。

COLUMN　target="_blank"の利用について

「target」属性を「_blank」にすると、新しいウィンドウ（またはタブ）を開いてリンクを開くことができます。今見ているページはそのまま残して、新しいページに移動できて便利に感じるため、Webサイト外へのリンクや一覧から詳細ページへのリンクのときなどに利用されます。
しかし、利用しているユーザーからは次のような理由から、分かりにくく感じてしまうことがあります。

- Webブラウザーの「戻る」ボタンで戻ることができなくなってしまう
- 自分で開いているウィンドウと、勝手に開かれたウィンドウの見分けがつかず、使い分けができなくなる
- スマートフォンなどの場合、タブを切り替える操作が煩雑で、今いくつのウィンドウが開いているかが分かりにくい
- PCの処理速度が遅くなる

など、さまざまな弊害があります。ウィンドウを新しく開くかどうかは、ユーザー自身がリンクをクリックするときに選ぶことができます。基本的には、この操作に任せ、「_blank」の設定は特別な理由がなければ利用しない方が良いとする意見もあります。判断して利用しましょう。

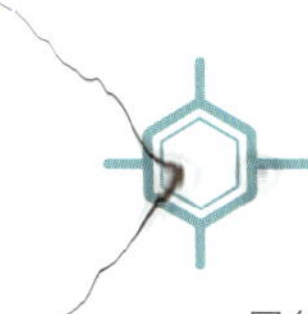

表示できない文字を表示する ― 実体参照

最後に、フッターを作っていきましょう。次のようなHTMLを追加します。

index.html

```
01  <footer>
02    &copy; COCOA
03  </footer>
04  </div>
05  </body>
```

ここで、「©」という変わった記述が出てきました。Webブラウザーで表示すると**図3-2-13**のようなマークが表示されます。これは、「コピーライト」という著作権の帰属を示すためのマークです。HTMLでは、このように表現しにくいマークや、Webブラウザーに正常に表示されない文字などに対して、特別なコードが存在していることがあります。これを「実体参照」といいます。「&xxx;」かまたは「&#xxx;」で表されます。ここでは、代表的なものを紹介しましょう。

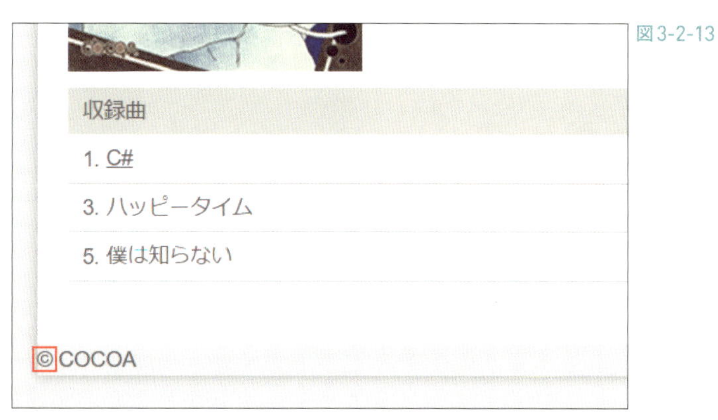

図3-2-13

文字実体参照	数値実体参照	表示
"	"	"
&	&	&
'	'	'
<	<	<
>	>	>
©	©	©
®	®	®
—	℃	℃
—	℡	℡

最後に<footer>要素のスタイルを調整しましょう。style.cssに次のように追加すると**図3-2-14**のようになります。

style.css

```
01  ...
02  footer {
03    text-align: center;
04    font-size: 80%;
05  }
```

図3-2-14

フォントを調整する

最後に少し装飾をしてみましょう。今、一番上の「COCOA」という部分は、どのような字体で表示されているでしょうか。これは、表示する環境によって異なります。WindowsのChromeで表示した場合は、**図3-2-15**のような**sans-serif**（サンセリフ）の書体（P.116参照）で表示されています。では、CSSの「header h1」セレクターに次のように追加してみましょう。

COCOA

図3-2-15

style.css

```
01  header h1 {
02    font-family: serif;
03  ...
```

すると、**図3-2-16**のように書体が変わります。**sans-serif**や**serif**（セリフ）といった指定は、書体の種類だけを指定するもので、具体的にどのようなフォントで表示されるかはWebブラウザーによって変わります。特定のフォント名を指定すると、そのフォントで表示させることもできます。

COCOA

図3-2-16

CSS

```
01  font-family : Roboto;
```

ただしこの指定は、環境によっては再現されない場合があります。「Roboto」というフォントがインストールされている環境でなければ表示されず、他のフォントで表示されてしまうのです。

Chapter 2で紹介したとおり、Webページの文字というのは実際には「**文字コード**」と呼ばれるコードに変換されて保存や転送されます。そのため、それを「文字」として再現するのは、見ている人のWebブラウザーの役割となります。このとき、利用される「フォントデータ」は見る人の環境に準備されていなければならないのです。

フォントは、WindowsならMicrosoftが、macOSならAppleがあらかじめインストールしたいくつかのフォントが標準で準備されています。何かソフトウェアをインストールすると、それに付属したフォントなどがインストールされる場合があります。また、ユーザー自身が購入したり、入手したフォントをインストールしている場合もあります。

そのため、多くの方が利用できるフォントを選ぼうとすると利用できるフォントにはかなり限りが出てしまうのが、Webサイト・アプリを作成するときには大きな障害の1つでした。そこで、近年注目されているのが「Webフォント」という技術です。

インターネット上からフォントデータを利用する「Webフォント」

Webフォントとは、フォントデータを配信するサービスを利用し、Webブラウザーに「その場で」フォントデータを転送することで、すべての環境で同じフォントで表示するという技術です。いくつかのサービスがありますが、ここではGoogleが提供する「Google Fonts」を利用します。

- Google Fonts
  https://fonts.google.com/

アクセスすると、利用できるフォントのリストが表示されます（**図3-2-17**）。

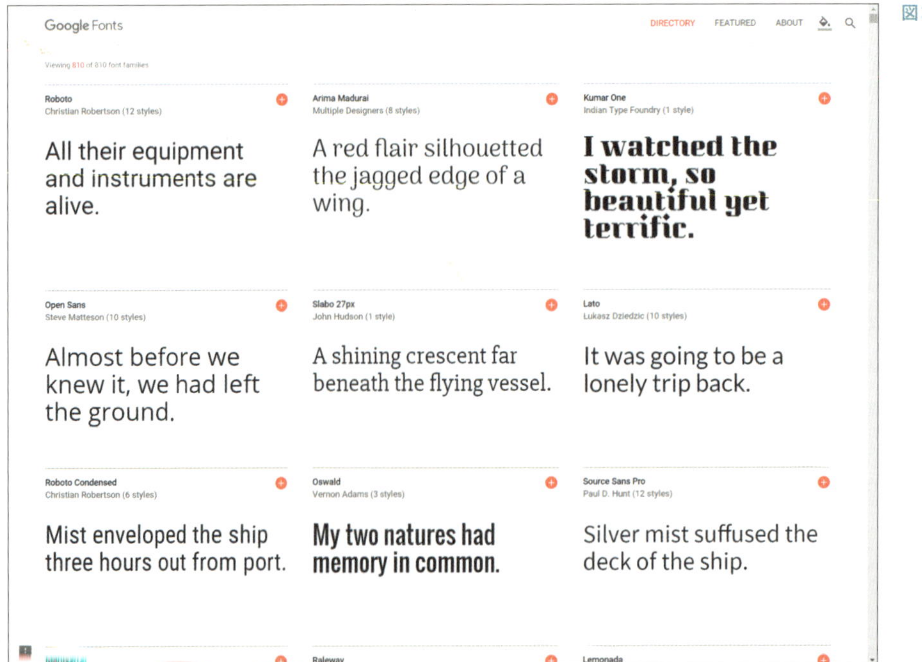

図3-2-17

サンプルの文章が表示されていますが、どれかの内容を選択して「COCOA」と入力し、「APPLY TO ALL FONTS」をクリックすれば、自由な文章で、適用された状態を確認することができます（**図3-2-18**）。

ここから好きなフォントを選んで、右上の「+」ボタンをクリックします。ここでは、「Sriracha」を選びました（他のフォントを選んでも構いません）（**図3-2-19**）。

図3-2-18

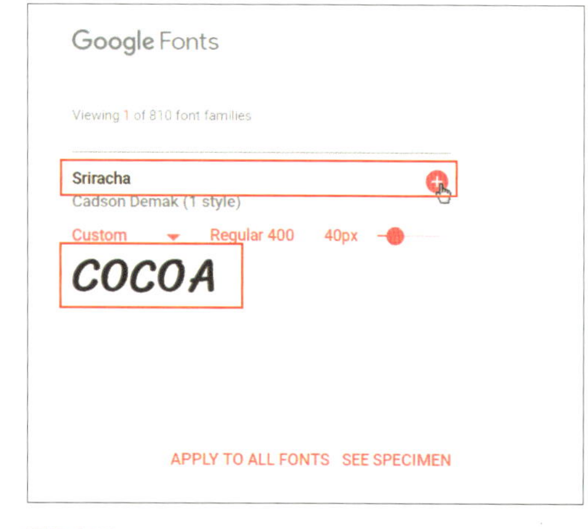

図3-2-19

選択すると、画面の右下にタブが表示されるので、これをクリックします。すると、利用方法が紹介されています（**図3-2-20**）。

利用手順としては、次の通りです。

- 専用のCSSファイルを外部参照する
- font-familyプロパティを変更する

<link>タグでHTMLファイルに貼り付けるか、「@import」でCSSファイルに貼り付けます。ここでは、「@import」を利用しましょう。

タブ内の「@import」をクリックして、出てきた次の記述をコピーしてください（<style>タグは不要です）。そして、style.cssにペーストします。

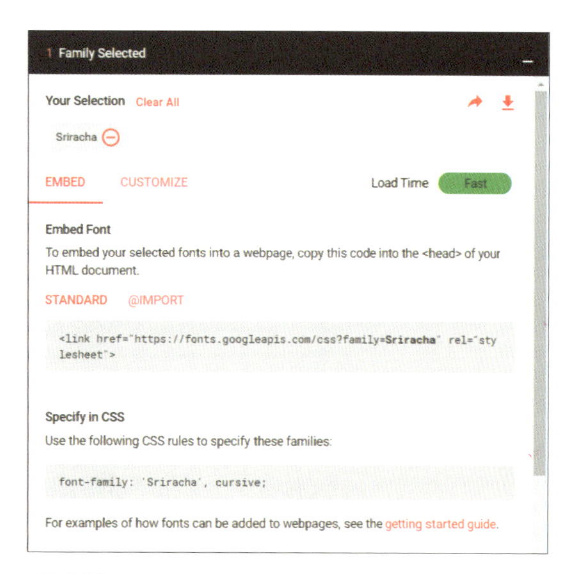

図3-2-20

```
01  @import url(sanitize.css);
02  @import url('https://fonts.googleapis.com/css?family=Sriracha');
03  ...
```

そして、style.cssを次のように変更します。

style.css

```
01  header h1 {
02    font-family : 'Sriracha', cursive;
03    ...
04  }
```

これで、**図3-2-21**のように「Sriracha」というフォントで表示されました。その後に指定されている「cursive」は、Srirachaがうまくロードできなかったときに利用される「代替フォント」です。ここでは、cursive（次ページのコラム参照）という草書体を指定しています。Webフォントが利用できない環境の場合は、ユーザーの環境にあるフォントから、似たものが選ばれます。

COCOA

図3-2-21

COLUMN

フォントの種類

フォントには、大きく分けて英文の場合は「serif」と「sans-serif」、日本語には「ゴシック体」と「明朝体」があります。それぞれ、図のように見た目に大きく特徴があり、「serif」はアルファベットの各文字に「飾り」があるのが特徴で、「明朝体」は筆で描いたように線が細くなるのが特徴です（**図3-2-B**）。

フォントは、この大きな区分けの中で、さらにたくさんの種類のフォントデータがあります。Windowsでは「MSゴシック」や「MS明朝」の他、最近は「Meiryo」や「遊ゴシック/遊明朝」などが収録されています。また、macOSやiOSには、「ヒラギノ角ゴシック/ヒラギノ明朝」が収録されており、こちらも最近は「遊ゴシック/遊明朝」などが収録されています。
このように、フォントデータは環境やバージョンなどによって収録されているフォントが異なります。そのため、「すべての環境で同じフォントで表示させる」というのは、難しいのです。

san-serif abc　ゴシック体 あいう
serif abc　明朝体 あいう

図3-2-B

COLUMN font-familyに指定できる値

font-familyプロパティに指定できる値は、本文に紹介したとおり具体的なフォント名の他、右のようなおおざっぱな分類のみを指定する方法があります。

font-family プロパティの値	説明
serif	セリフ体（明朝体）で表示される
sans-serif	サンセリフ体（ゴシック体）で表示される
monospace	等幅フォントで表示される
cursive	草書体で表示される。ゴシック体などよりも少し装飾された、手描き感のあるフォントが選ばれることが多い
fantasy	より遊び心のあるフォントが選ばれる

COLUMN 日本語のWebフォント

Webフォントが利用できるのは、主に英文です。これは日本語などのアジア言語は、文字の種類が非常に多く、フォントデータが非常に大きくなってしまうため、インターネットで転送するには適していなかったことが原因です。近年では少しずつ利用しやすくなっていて、執筆時点では「早期アクセス」（ベータ版のようなものです）という位置づけですが、Google Fontsでも日本語データの提供が始まっています。

- Google Fonts + 日本語早期アクセス
  https://googlefonts.github.io/japanese/

また、有料のサービスなどでは、より多くの書体を利用できるものもあります。必要に応じて利用すると良いでしょう。

- TypeSquare
  http://www.morisawa.co.jp/products/fonts/typesquare/

- FONTPLUS
  https://webfont.fontplus.jp/

SECTION 03

スマートフォンに対応させよう

それでは、Section 02までで作成したWebページを、スマートフォンなどのデバイスでも見やすくなるように、レイアウトを調整していきましょう。ここでは、画面サイズに合わせてCSSが切り替わる「レスポンシブWebデザイン（RWD）」という手法で調整していきます。

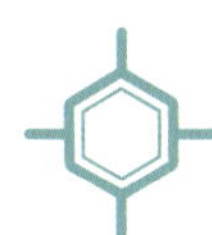

スマートフォンデバイスに対応させる手順

Section 02で作成したWebページを、スマートフォン（スマホ）のような、画面幅の狭い環境で確認すると**図3-3-1**のような表示になります。コンテンツが画面からはみ出てしまい、横スクロールをしなければ全体を見渡すことができません。

スマホの場合、縦のスクロールはやりやすいのですが、横スクロールは、片手で操作しているユーザーなどには非常にやりにくい作業になります。そのため、特別な理由がなければ横スクロールを使わずに見られるようなレイアウトにします。そこで、このサイトをスマホに対応させましょう。

図3-3-1

スマホ向けにWebページを提供する場合、次のような方法があります。

1. **HTMLとCSSを別途作成し、別々に提供する**
2. **CSSのみを切り替えて、画面のサイズに合わせてレイアウトを変更する**

Webページのレイアウトや提供したい機能によって使い分けられますが、今回のようなシンプルなWebページの場合は2番目の方法で対応する方がよいでしょう。このような、画面サイズに合わせたCSSの切り替え方法を「レスポンシブWebデザイン（RWD）」といいます。

レスポンシブWebデザイン（RWD）とは

本書執筆時点では、たとえば内閣府のWebサイトが、RWDを採用しています。

・内閣府
http://www.cao.go.jp/

アクセスして、Webブラウザーの横幅を変えてみましょう。レイアウトが横幅に合わせて変化します（**図3-3-2**、**図3-3-3**）。

図3-3-2

図3-3-3

こうして、アクセスされた画面幅に合わせてWebページのレイアウトを変化させる手法がRWDです。RWDは、次のようなメリットがあります。

- **1つのHTMLで多くのデバイスに対応できるため、情報の変更などで間違いが少なくなる**
- **画面幅の狭いデバイスから広いデバイスまで、柔軟に対応できる**

ただし、逆に次のようなデメリットもあります。

- デバイスごとのレイアウトを大幅に変更するのは難しいため、無理が出てくる場合がある
- PCからのアクセスの場合、Webブラウザーの画面幅によってレイアウトが変わってしまうため、利用者が戸惑うことがある
- スマホ用のWebサイトでも、PC専用の情報が残ってしまうことがあり、重くなってしまう可能性がある

そのため、先の「HTMLとCSSを別途作成する」ことを含め、そのWebページの情報量やレイアウト、スマホからのアクセス頻度などを考えて選びましょう。最近では、RWDであってもレイアウトの種類を多くしすぎず、2段階の切り替え程度にする場合が多いです。なお、レイアウトが切り替わる横幅のことを「ブレイクポイント」と呼びます。

COLUMN　PCでスマホ向けサイトを確認する

作成しているHTMLファイルを、実際のスマホ端末で確認するには手間がかかります。そのため、制作中はPCのWebブラウザーで確認をしておき、最後に実際の端末で確認するという手順が一般的です。

このとき、Google Chromeには便利な機能があります。Chromeで確認したいHTMLページを表示した状態で、[F12]（macOSでは[option]+[command]+[i]）キーを押してデベロッパーツールを起動します。画面下または右にウィンドウが開き、その左上に、**図3-3-A**のアイコンがあるのでこれをクリックすると、スマホの表示をシミュレーションすることができます。

画面上部のドロップダウンリストから端末名をクリックしたり、その下のバーをクリックすると、画面幅を自由に変更して確認することができます（**図3-3-B**）。

なお、ここで表示される内容は、端末の「画面幅」だけを再現したものであり（実際には、それに加えて「ユーザーエージェント情報」を変更しています）、実際の表示内容をシミュレートしているわけではありません。最終的には、実際の端末で表示を確認しなければなりませんので気をつけましょう。

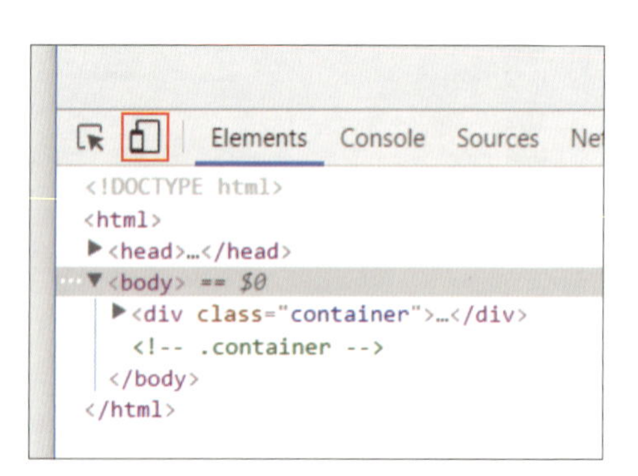

図3-3-A

図3-3-B

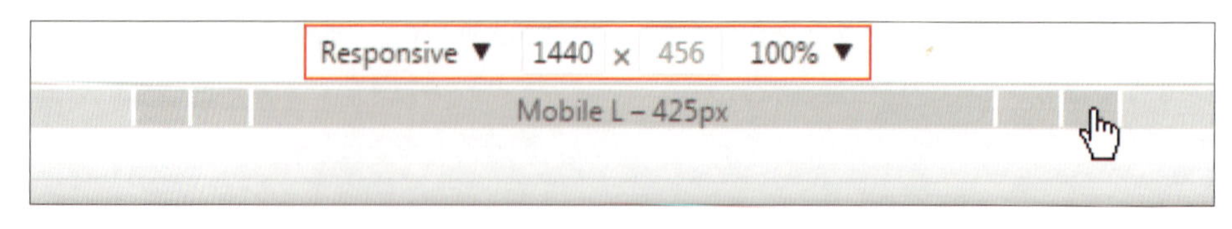

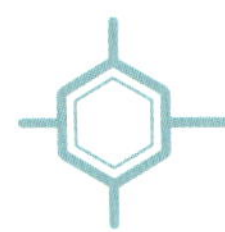

サイトをRWD対応にさせる

それでは、Section 02までで作成したWebページをRWDにしてみましょう。もし、このSectionから読み始める場合は、本書のサンプルファイルを使って作業を始めてください。style.cssの最後に次のように追加します。

style.css

```
01  ...
02  @media only screen and (max-width:600px){
03    .description img {
04      float: none;     /* 回り込みを解除する */
05      display: block; /* 表示をブロック状態にする */
06      margin: 0 auto; /* 画像を中央に揃える */
07    }
08  }
```

これで表示を確認すると、画面幅が広い場合は変化がありませんが、Webブラウザーの幅を縮めたり、スマホの幅にすると**図3-3-4**のようになります。

追加したCSSにより、画像とアルバムの説明文の位置が変わり、少し分かりづらいですが、中央揃えの指示が効いている状態です。

図3-3-4

ポイントとなるのは、先頭の次の記述です。

```
01  @media only screen and (max-width:600px){
```

この記述を「**メディアクエリー**」といい、RWDの制作でキモとなる記述になります。書式は次の通りです。

メディアクエリーの書式

```
01  @media only screen and ( 条件 ) and ( 条件 ) {
```

「条件」には、例で紹介した「**max-width（幅の最大値）**」や「**min-width（幅の最小値）**」の他、高さ（height）や、画面の縦横比を示すアスペクト比（aspect-ratio）、色数（color）などの条件を使うことができますが、RWDで利用されるのはこの「min-width」と「max-width」が主になります。

先の例のように指定すると「600px以下の場合」という条件になります。なお、条件は複数指定することができます。

例）

```
01  @media only screen and (min-width: 300px) and (max-width: 600px) {
```

この場合、画面幅が300px以上、600px以下の場合という条件になります。条件に矛盾が出ないように気をつけましょう。

このメディアクエリーの中に記述したCSSは、**指定した条件のときだけ**適用されるようになります。また、広い画面幅（PC）向けのCSSは、メディアクエリーに入れてはいけません。

悪い例）

```
01  @media only screen and (min-width:601px) {  /* 601px 以上の広い画面用の指定 */
02    .description img {
03      float: left;
```

```
04      margin: 0 10px 10px 0;
05    }
06  }
07
08  @media only screen and (max-width:600px){  /* 600px以下の画面用の指定 */
09    .description img {
10      float: none;     /* 回り込みを解除する */
11      display: block; /* 表示をブロック状態にする */
12      margin: 0 auto; /* 画像を中央に揃える */
13    }
14  }
```

このように両方にメディアクエリーをかけてしまうと、閲覧者のWebブラウザーが古くてメディアクエリーに対応していない場合、どちらのCSSも読み込まれずに、まったくCSSが効かない状態になってしまいます。

そのため、次のように広い画面幅向けのCSSは通常通り記述し、メディアクエリー内のCSSで「上書き」をするように設定する必要があります。

良い例）

```
01  .description img {  /* 広い画面用の指定 */
02    float: left;
03    margin: 0 10px 10px 0;
04  }
05
06  @media only screen and (max-width:600px){  /* 600px以下の画面用の指定 */
07    .description img {
08      float: none;      /* 回り込みを解除する */
09      display: block;   /* 表示をブロック状態にする */
10      margin: 0 auto;   /* 画像を中央に揃える */
11    }
12  }
```

Chapter 1
Chapter 2
Chapter 3
Chapter 4
Chapter 5
Chapter 6
Chapter 7
Appendix

COLUMN　only screenという記述

「@media」という記述は、実はメディアクエリーだけで使用するものではありません。たとえば、印刷のときにのみ利用するCSSを次のようにして指定することができます。

CSS

```
01  @media print {
02    .header {
03      display: none;
04    }
05  }
```

この「@media」の書き方は以前からあったのですが、CSS3で、画面解像度など、いくつかの条件を追加してメディアクエリーが書けるようになりました。RWDは、この仕様を利用しています。そのため、非常に古いWebブラウザーの場合、メディアクエリーには対応していないのに、「@media」という記述を誤認識してしまうことがあります。

そこで、これを防ぐためにメディアクエリーを利用する場合は、次のように「only screen」と先頭に記述します。

CSS

```
01  @media only screen ...
```

このように記述すると、古いWebブラウザーでは「only」という記述が来た時点で認識不能と判断されて、読み飛ばされるのです。逆に、CSS3に対応している近年のWebブラウザーでは、正常に処理されます。

COLUMN　親要素の指定を引き継ぐプロパティの指定

本文では、狭い画面幅でのみ表示を変える方法を説明しました。しかし、広い画面幅でのみ表示を変えたい場合はどうすればよいでしょうか？ まずは、次のHTMLとCSSを見てみてください。

HTML

```
01  <div>
02    <p>HTML</p>
03  </div>
```

CSS

```
01  div {
02    color: #666;
03  }
```

このとき、<p>要素の文字は親要素の<div>で定義している「#666（グレー）」で表示されます。ここで、「<p>要素を、広い画面幅の場合だけ赤にして、狭い画面幅ではグレーのままにしたい」という場合どのように記述するでしょう？
広い画面幅の場合はメディアクエリーを使わないため、そのまま「div p」セレクターを使って記述します。

CSS

```
01  div {
02    color: #666;
03  }
04  div p {
05    color: #f00; /* 赤 */
06  }
```

そして、狭い画面幅の場合は元に戻します。つまり、グレーにしたいということです。
このとき、次のように記述することはできます。

CSS

```
01  ..
02  div p {
03    color: #f00;
04  }
05  @media only screen and (max-width:600px) {
06    div p {
07      color: #666; /* グレー */
08    }
09  }
```

しかしこれでは、元の（メディアクエリーでない部分の）<div>要素で定義している文字が、たとえばグレーから青に変わったときは、メディアクエリー内も青の指定に変えなければならず、手間もかかりますし、変え忘れるなどの危険があります。そんなときは「inherit」という値が利用できます。

▶次ページに続く

CSS

```
01  @media only screen (max-width:600px) {
02    div p {
03      color: inherit;
04    }
05  }
```

「inherit」は「継承」といった意味で親要素のスタイルを受け継ぐという意味です。これで、メディアクエリーの外で指定されていた「div p」セレクターのcolorプロパティの指定は打ち消され、親要素（<div>要素）のスタイルが継承されるというわけです。

COLUMN 画像を画面中央にする

画像を画面中央にする表示する場合には、次のようにします。

CSS

```
01  display: block;
02  margin: 0 auto;
```

「margin: 0 auto;」というテクニックは既に紹介しましたが、左右の余白を「auto」とすることで要素幅の中央に表示されるというテクニックです。ただし、<img>要素はそのままでは「インライン」（P.078参照）の要素となるため、これを「ブロック」の要素にしてからでないと余白が調整されません。気をつけましょう。

その他の装飾を調整する

それでは、他の要素についてもメディアクエリーで調整していきましょう。メディアクエリー内を次のようにします。

style.css

```
01      margin: 0 auto; /* 画像を中央に揃える */
02    }
```

```
03      header {
04        padding: 5px;       /* 要素内余白を少し狭くする */
05      }
06      header h1 {
07        font-size: 12px;   /* 文字サイズを少し小さくする */
08
09      }
10        .songs li {
11        float: none;        /* 回り込みを解除する */
12        width: inherit;     /* 幅を元に戻す */
13      }
14    }
```

これで、**図3-3-5**のようにサイトタイトル部分の大きさや余白が調整されたり、曲目一覧が2列だった物が1列になるなど、小さな画面でも見やすくレイアウトが調整されました。

まだもう少し表示に不具合があるので、これも調整していきましょう。

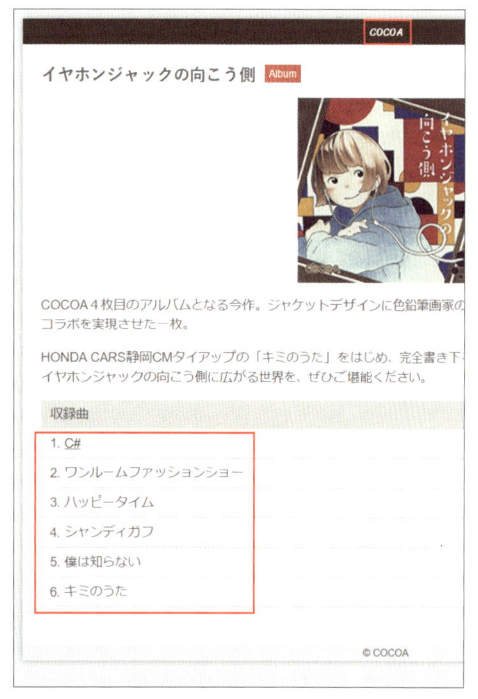

図3-3-5

画面幅に合わせて幅を変える — リキッドレイアウト —

最後に、「container」クラスの要素のスタイルを次のように変更します。これは、メディアクエリー内に入れる必要はありません。既存のスタイルを上書きしましょう。

style.css

```
01  .container {
02    max-width: 800px;  /* 最大幅を 800px に */
03    margin: 0 auto;    /* 左右の余白を auto にして、左右中央揃えに */
04    ...
05  }
```

元のプロパティは「width」でしたが、これを「max-width」に変更しました。文字通り「最大の幅」という意味です。「max-width」プロパティを800pxに設定した場合、800pxよりも画面幅が狭ければ、その画面幅になり、それ以上になっても800px以上の幅にはなりません（**図3-3-6**）。

図3-3-6

このように、幅を固定せずに柔軟に変化するレイアウトを「リキッドレイアウト」などと呼びます。RWDは、このリキッドレイアウトと、メディアクエリーによるレイアウトの変更を組み合わせて実現します。

RWDは、うまく作らないと要素が入りきらなかったり、レイアウトに無理が生じるなど後からの調整は大変です。しっかり考えながらレイアウトしていきましょう。

COLUMN モバイルファースト

本書では、先に大きな画面サイズ向けのレイアウトを作成し、その後モバイルサイズにレイアウトを調整しました。しかし、大きな画面向けのレイアウトでは、要素がたくさん入るため、どうしても内容を詰め込んでしまい、それをスマホサイズに納めようとすると無理が生じがちです。

また、近年ではWebサイトを閲覧するユーザーのスマホ利用率が増えており、年齢層やターゲットによってはスマホからのアクセスの方が圧倒的に多い場合があります。

そのため、先にスマホ向けのページを作成してから、それを大きなスクリーンにレイアウトし直す方が、コンテンツを考えやすくなります。これを「モバイルファースト」などと呼びます。

また近年では、大きなスクリーンであっても、無理に要素を詰め込まずに、余白や背景としてしまうことで、スマホ向けのサイトと見た目をそれほど変えないレイアウトという例も増えてきています。参考にすると良いでしょう。

- WPJ
  https://www.webprofessional.jp/

図3-3-C

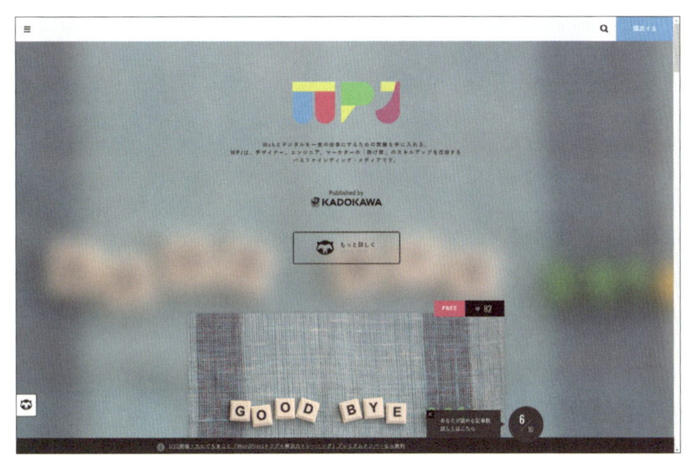

図3-3-D

SECTION 04

CSS アニメーションを使ってみよう

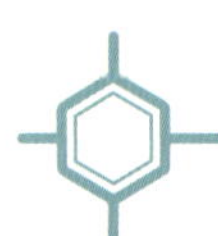

CSSには、簡単なアニメーション・トランジション機能も準備されています（CSS 3で対応)。このSectionでは、ここまで作ってきたサンプルの仕上げとして、簡単なアニメーションを設置してみましょう。

アニメーションの下準備をする

ダミーリンクを設置する

まずは、ジャケット写真にリンクを設置してみましょう。HTMLを次のように変更してみます。

index.html

```
01 <div class="description">
02   <a href="#"><img src="img/jacket.png" alt="イヤホンジャックの向こう側のジャケット写真
   "></a>
03   <p>COCOA 4枚目のアルバムとなる今作。ジャケットデザインに色鉛筆画家の「カタヒラシュンシ」氏を迎え、
   音楽と絵のコラボを実現させた一枚。</p>
```

<img>要素を、<a>で囲みました。これで、リンクを設置します。

「href」属性には「#」と設定されていますが、これは「(まだ) リンク先がない」といったときによく利用される「ダミーリンク」と呼ばれるものです。実際には、ここにオンラインショップへのリンクなどを設置することになるでしょう。ここでは、ダミーリンクのまま進めていきましょう。

マウスホバー時などの処理を加える ── 疑似クラス

リンクを設置すると、PCの場合はマウスカーソルを画像に近付けると、**図3-4-1**のようにカーソルの形状が変わります。

しかし、これだけではリンクしていることが少し分かりにくいため、もう少し処理を施してみましょう。

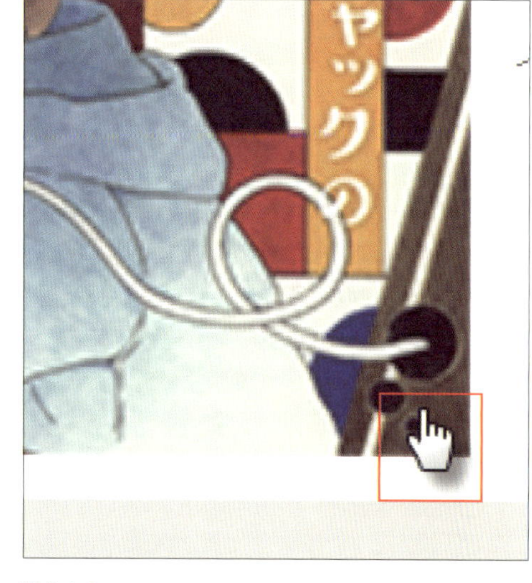

図3-4-1

このようなときに利用できるのが、CSSの「疑似クラス」です。style.cssに次のように指定してみましょう。

style.css

```
01  ...
02  .description img:hover {
03    opacity: .5;
04  }
```

すると、マウスカーソルを乗せたときにジャケット写真が少し薄くなります。透明度を調整して、薄く見えるように変えました（**図3-4-2**）。

このような処理を入れることで、リンクされていることをより分かりやすくするという効果もあります。

図3-4-2

ここで、セレクター部分を見てみましょう。

```
01    .description img:hover
```

「.description img」までは通常のセレクターで、「description」クラス内の<img>要素を指しています。その後、コロン（:）に続けて指定されている「hover」が「疑似クラス」と呼ばれるセレクターの一種で、各セレクターの「状態」などを示すために使われます。

hoverとは「マウスホバー（ロールオーバーや、マウスオーバーとも呼ばれます）のとき」という意味で、指定されたセレクターの要素にマウスカーソルが重なったときのスタイルを調整することができます。疑似クラスセレクターには、他にも次のようなものがあります。

疑似クラスセレクター	説明
:active	「アクティブ」な状態。 タブキーなどでフォーカスを当てたときやタップをしてから放すまでの間など
:checked	チェックボックス（P.163参照）でチェックされているものを指定する
:disabled	「disabled」属性が有効になっている要素を指定する
:empty	空の要素を指定する
:enabed	「disabled」属性が有効になっていない要素を指定する
:first-child	最初の子要素を指定する
:first-of-type	指定した要素のうち子要素として最初に出現する要素を指定する
:focus	フォームコントロールなどで、フォーカスがあたった状態
:hover	マウスホバーしている状態
:lang()	言語を指定する。日本語の場合は「ja」
:last-child	最後の子要素を指定する
:last-of-type	指定した要素のうち、子要素として最後に出現する要素を指定する
:link	訪れたことのないリンクを指定する
:nth-child ()	数字を指定することで、「x番目」の要素を指定する
:nth-of-type ()	同じく、指定した要素のうち「x番目」の要素を指定する
:nth-last-child()	同じく、「後ろから数えてx番目」の要素を指定する
:nth-last-of-type()	同じく、指定した要素のうち「後ろから数えてx番目」の要素を指定する
:only-child	親要素の中に、1つしかない子要素を指定する
:only-of-type	同じく、指定した要素と同じで、1つしかない子要素を指定する

▶右ページに続く

疑似クラスセレクター	説明
:root	文書のルート要素を指定する。HTML文書の場合は<html>要素
:target	ページ内リンクでリンクされている要素を指定する
:visited	既に訪れたリンク先を指定する

なお、これらの疑似クラスはWebブラウザーによって対応できるものが異なります。古いバージョンのWebブラウザーなどでは利用できない場合があるので、気をつけましょう。

要素を透明にする —— opacity

CSSのopacityプロパティは、要素の「不透明度」を調整し、半透明にしたり透明にして見えなくできるプロパティです。

0が完全な透明で、小数で指定し、1.0が不透明（初期値）となります。ここでは、0.5を指定しました。

```
01  opacity: .5;
```

なお、CSSでは0.1から0.9を指定する場合、最初の0を省略して小数点から始める「.5」といった表記を利用することができます。これで、半透明になりました。

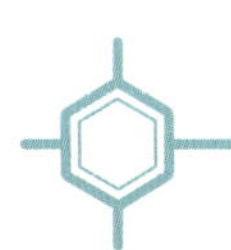

CSSアニメーションを付ける —— transition-property、transition-duration、transition-timing-function、transition-delay

今は、マウスホバーすると画像が瞬時に半透明になります。これを、「徐々に」半透明にしてみましょう。これには、「トランジション」を利用します。

style.cssに次のように追加しましょう。すでにある「.description img」セレクターの指定に追加します。

style.css

```
01  ...
02  .description img {
03    float: left;
04    margin: 0 10px 10px 0;
05    transition-property: opacity;
06    transition-duration: 1s;
07    transition-timing-function: ease;
08    transition-delay: 0s;
09  }
```

ここで気をつけるのは、追加をする場所です。先ほど、「.description img:hover」という疑似クラスが指定されたセレクター内にスタイルを記述しましたが、トランジションを設定するのは疑似クラスがない状態のセレクターです。

トランジションの設定は、先に「準備」をしておかなければなりませんので、「変わる前」の状態のセレクターに指定しなければなりません。これで、画面を表示してマウスカーソルを近付けてみましょう。1秒かけてゆっくり半透明になっていきます。

ここでは、次の3つのプロパティを指定しました。

transition-property

対象となるCSSプロパティを指定します。たとえばここでは「opacity」を指定すると、不透明度が変わったときにトランジションが発動します。対象を絞らない場合は「all」を指定できます。

transition-duration

トランジションにかける時間を設定します。「s」は「秒」という意味で、他に「ms（ミリ秒）」なども指定できます

transition-timing-function

トランジションの処理を指定します。初期値は「ease」で、トランジションの開始時と終了時をなめらかにすることで、自然なトランジションが可能になります。
他に、次のような値を指定できます。

値	説明
ease	開始と終了をなめらかにする
linear	常に一定の速度にする
ease-in	開始時だけなめらかにする
ease-out	終了時をなめらかにする
ease-in-out	ease-in, ease-outを同時に行なう（easeより若干遅くなる）
cubic-bezier(x1, y1, x2, y2)	3次ベジェ曲線を指定できる

transition-delay

トランジションの開始を、指定した秒数だけ遅らせます。

また、これらの値を一気に指定できる、ショートハンドの「transition」プロパティもあります。次のように書き換えましょう。

style.css

```
01  .description img {
02    float: left;
03    margin: 0 10px 10px 0;
04    transition: opacity 1s ease 0s;
05  }
```

同じように動作します。書式は次の通りです。

transitionプロパティの書式

```
01  transition: property, duration, timing-function, delay;
```

COLUMN

CSSなどの対応状況を調べる

ここで紹介したCSSのプロパティは、近年追加されたプロパティであるため、古いバージョンのWebブラウザーなどでは対応していないことがあります。使いたいプロパティが、どのWebブラウザーに対応しているかを調べるのに便利なサイトが「Can I use」です。

- Can I use... Support tables for HTML5, CSS3, etc
  http://caniuse.com/#search=transition

英語のサイトではありますが、図で分かりやすく調べることができます。たとえば、本文で紹介した「transition」プロパティを、画面上部の検索窓に入れてみます（**図3-4-A**）。
すると、各Webブラウザーの下限となるバージョンが表示されます。
たとえば、transitionはInternet Explorer 11以降が対応していることが分かります。

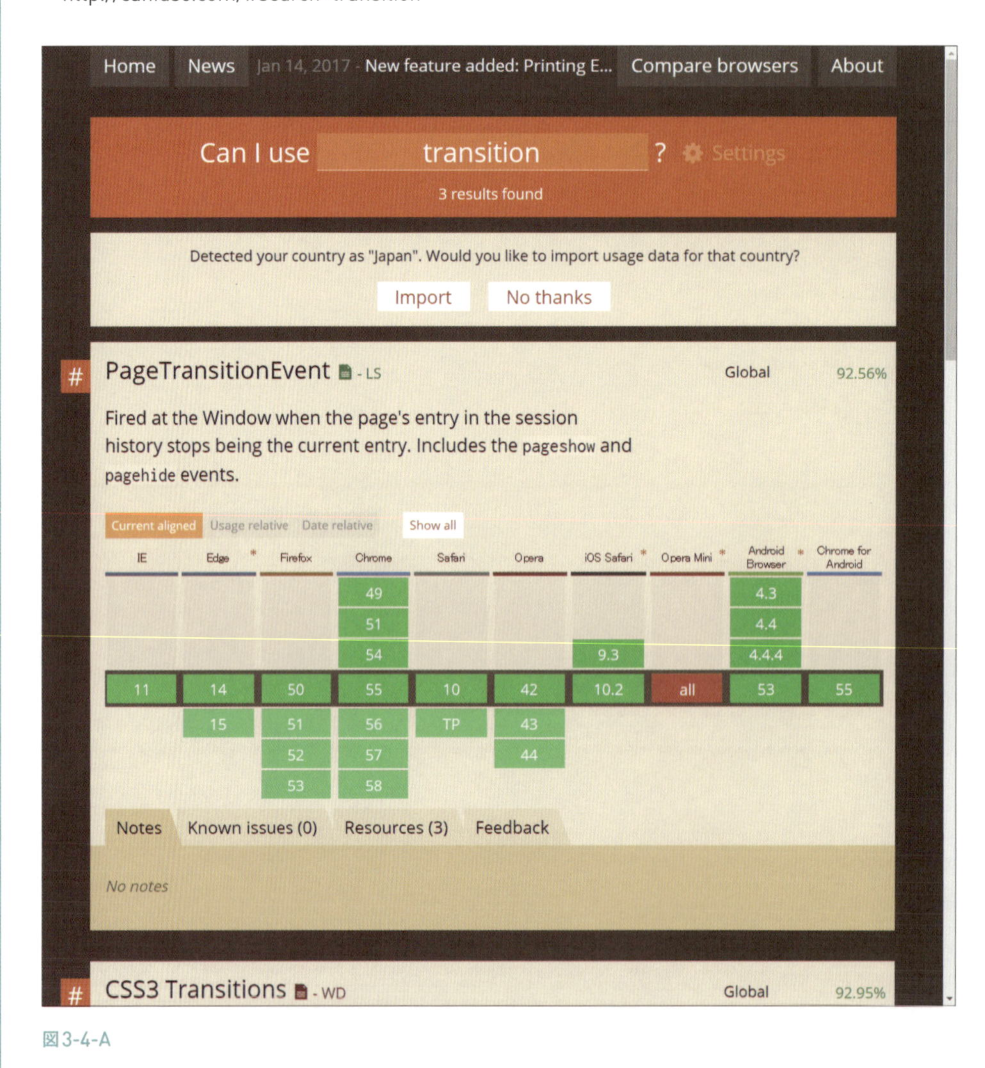

図3-4-A

CSSフレームワークのきほんを学ぼう

〜 Bootstrapでフォームを作る

CHAPTER 4

Chapter 2で「フォーム」を作成しましたが、フォームの制作というのは、Webサイトの制作の中でももっとも気を遣います。たとえば、会員登録やオンラインショッピング、資料請求など、重要な場面でフォームは登場します。この使い勝手の善し悪しで売上が変わったり、離脱率※が変わってきたりします。そこでこのChapter 4では、「フォーム」について、あらためてじっくりと紹介していきましょう。

ご利用アンケート　HOMEへ戻る

この度は、本書をご利用頂きありがとうございます。恐れいりますが、以下のフォームにご記入頂き、送信して頂けると幸いです。

お名前

ご職業

選択してください

知りたい内容（複数回答可）

HTML
CSS
JavaScript

理解度はいかがですか？

理解できなかった　だいたい理解できた　理解できた　回答しない

ご意見

送信する

© H2O space

※ユーザーがそのWebサイトやアプリを離れてしまうこと

ページの大枠を作ろう

SECTION 01

このChapterのサンプルは、CSSフレームワークの1つである「Bootstrap」を使ってページを作成していきます。このSectionでは、「Bootstrap」を使う準備をし、ページの大枠を整えるところまで進めます。また、BootstrapのグリッドシステムWebを使って、レスポンシブWebデザインにしていきます。

HTML、CSSファイルを準備する

まずは、今回作成するサンプルの確認です。**図4-1-1**のようなシンプルなお問い合わせフォームを準備しました。早速作っていきましょう。

ご利用アンケート　HOMEへ戻る

この度は、本書をご利用頂きありがとうございます。恐れいりますが、以下のフォームにご記入頂き、送信して頂けると幸いです。

お名前

ご職業

選択してください

知りたい内容（複数回答可）

- HTML
- CSS
- JavaScript

理解度はいかがですか？

理解できなかった　だいたい理解できた　理解できた　回答しない

ご意見

送信する

© H2O space

図4-1-1

適当なフォルダーに、「index.html」ファイルを準備し、同じ階層に「css」フォルダーを作成して、中に「style.css」ファイルを準備します。

index.htmlには次のように記述しましょう。style.cssは空のままで構いません（sanitize.cssも今回は利用しません）。

index.html

```
01 <!DOCTYPE html>
02 <html lang="ja">
03 <head>
04   <meta charset="UTF-8">
05   <meta name="viewport" content="width=device-width">
06 
07   <title>ご利用アンケート</title>
08 
09   <link rel="stylesheet" href="css/style.css">
10 </head>
11 
12 <body>
13   <header>
14     <h1>ご利用アンケート</h1>
15   </header>
16 
17   <hr>
18 
19   <hr>
20 
21   <footer>
22     <p>&copy; H2O space</p>
23   </footer>
24 </body>
25 </html>
```

既に学んだ要素を使って、基本となるHTMLを準備しました。ここから、作業を始めていきます。

CSSフレームワークを使う

さて、これまでと同じように進めるなら、この後次のような手順で作成することになります。

- **リセットまたはノーマライズをする**
- **スタイルを1つずつ定義して、見た目を整えていく**
- **必要に応じてメディアクエリーを記述し、レスポンシブWebデザインにしていく**

といった具合です。しかし、近年これらの手順を「CSSフレームワーク」にまかせてしまうことがよくあります。「フレームワーク（Framework）」とは「骨組み」や「枠組み」といった意味で、家を作るときに、土地に直接家を建てていくのではなく、既にある骨組みに「外装」だけを作っていくといったイメージです。自分が作りたいものに合う骨組みがあれば、そのまま使った方が、作業が早いというわけです。

CSSフレームワークでは、CSSにあらかじめリセットや「よく使うスタイル」が定義されていて、使う人は各要素の使い方を参照しながら、HTMLを作っていくだけで、スタイルが整っていったり、自動的にレスポンシブWebデザインに対応できたりと、作業を軽減することができるのです。

CSSフレームワークには、さまざまな種類がありますが、近年スタンダードとなっているのが、米Twitter社が開発した「Bootstrap」（ブートストラップ）というフレームワークです。非常に多機能で使いやすく、多くのWebサイトで採用されています。ここでは、そんなBootstrapを使って作っていきましょう。

なお、Bootstrapには現在配布されている「3」というバージョンと、2017年現在で開発中の「4」というバージョンがあります。本書は、3をベースに解説しています。この後で紹介する「CDN」という方法であれば、3も当面利用できるはずなので、本書とバージョンを合わせる場合は3を利用すると良いでしょう。

Bootstrapを導入する

Bootstrapは、次のサイトから利用することができます。

- Bootstrap
  http://getbootstrap.com/

BootstrapはChapter 2で紹介したsanitize.cssと同じように、ダウンロードをしたファイルを参照することでも利用することができます。しかし、ダウンロードしないで「直接」利用する「CDN」という方法も利用できます（P.142のコラム参照）。

ここでは、CDNを利用してみましょう。「Bootstrap」のメニューから「Getting started」をクリックします（**図4-1-2**）。

「Download」の後に「Bootstrap CDN」という項目があり、そこにHTMLのサンプルコードが記載されています（**図4-1-3**）。通常であればこのコードをコピーして使いますが、Bootstrapのバージョンアップに伴い、現在公式サイトに掲載されているコードを使うと本書と同じように進められません。本書サンプルファイルの「chapter4→4-1→142→index.html」から該当部分をコピー＆ペーストしてお使いください（次ページに掲載している部分です）。

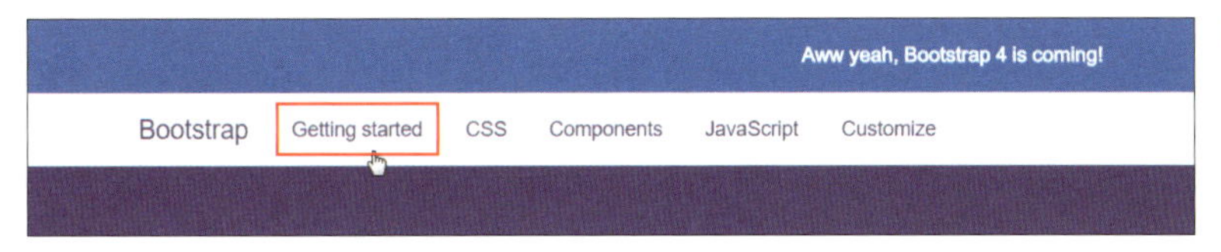

図4-1-2

Download Bootstrap　Download source　Download Sass

Bootstrap CDN

The folks over at MaxCDN graciously provide CDN support for Bootstrap's CSS and JavaScript. Just use these Bootstrap CDN links.

Copy

```
<!-- Latest compiled and minified CSS -->
<link rel="stylesheet" href="https://maxcdn.bootstrapcdn.com/bootstrap/3.3.7/css/bootstrap.min.css"
integrity="sha384-BVYiiSIFeK1dGmJRAkycuHAHRg32OmUcww7on3RYdg4Va+PmSTsz/K68vbdEjh4u" crossorigin="anonymous">

<!-- Optional theme -->
<link rel="stylesheet" href="https://maxcdn.bootstrapcdn.com/bootstrap/3.3.7/css/bootstrap-theme.min.css"
integrity="sha384-rHyoN1iRsVXV4nD0JutlnGaslCJuC7uwjduW9SVrLvRYooPp2bWYgmgJQIXwl/Sp" crossorigin="anonymous">

<!-- Latest compiled and minified JavaScript -->
<script src="https://maxcdn.bootstrapcdn.com/bootstrap/3.3.7/js/bootstrap.min.js" integrity="sha384-
Tc5IQib027qvyjSMfHjOMaLkfuWVxZxUPnCJA7l2mCWNIpG9mGCD8wGNIcPD7Txa" crossorigin="anonymous"></script>
```

図4-1-3

先ほど作った「index.html」に次のように追加します。

index.html

```
01  ...
02    <title>ご利用アンケート</title>
03
04    <!-- Latest compiled and minified CSS -->
05    <link rel="stylesheet" href="https://maxcdn.bootstrapcdn.com/
    bootstrap/3.3.7/css/bootstrap.min.css" integrity="sha384-BVYiiSIFeK1dGmJRAkycu
    HAHRg32OmUcww7on3RYdg4Va+PmSTsz/K68vbdEjh4u" crossorigin="anonymous">
06
07    <!-- Optional theme -->
08    <link rel="stylesheet" href="https://maxcdn.bootstrapcdn.com/
    bootstrap/3.3.7/css/bootstrap-theme.min.css" integrity="sha384-rHyoN1iRsVXV4nD
    0JutlnGaslCJuC7uwjduW9SVrLvRYooPp2bWYgmgJQIXwl/Sp" crossorigin="anonymous">
09
10    <link rel="stylesheet" href="css/style.css">
11  </head>
```

これで、Bootstrapが適用されました。Webブラウザーで表示すると余白などが調整され、ノーマライズがかかったことが分かります。Bootstrapには次の「normalize.css」が同梱されているため、Bootstrapを読み込むだけでノーマライズされるというわけです。

- necolas/normalize.css
  https://github.com/necolas/normalize.css

なお、Bootstrapは必ず自作のCSS（style.css）よりも前に読み込ませましょう。この後、自分でスタイルを整える部分が思うように適用されなくなる恐れがあります。

COLUMN

CDN（Contents Delivery Network）とは

CDNは、「Contents Delivery Network」の略称で、専用の「配信サーバー」を準備することで、CSSやJavaScriptなどをダウンロードさせることなく、直接利用できるようにした仕組みです。本文のように、指定されたアドレスから直接<link>タグなどでリンクをすることで、利用することができます。

使うのが簡単になるのはもちろんですが、Webサイトの利用者にとってもメリットがあります。たとえば、Bootstrapのように人気のあるCSSフレームワークは、多くのWebサイトが採用しています。すると、これを使っているすべてのサイトで同じファイルをそれぞれが配信するようになります。利用者は、本当は同じ内容なのに各サイトからダウンロードをしなければなりませんし、「キャッシュ」というしくみでWebブラウザーが一時的に保存するため、これも無駄になります。

同じCDNを利用していればWebブラウザーは「同じファイルである」と認識をします。すると、すでに他のサイトでキャッシュを蓄えている場合は、同じファイルを再利用しますので、ムダがなくなります。CDNが利用できる環境の場合は、できるだけ利用すると良いでしょう。

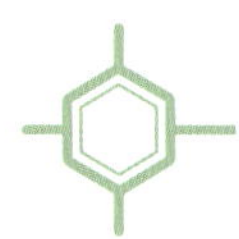

画面を中央に集める — Containers

まずは、P.138掲載の**図4-1-1**のように画面全体の幅を狭めて、中央に寄せましょう。これを、CSSで実現しようとした場合、P.069で紹介した内容を思い出すと、次のようなCSSを記述するのがよいと思うかもしれません。

例)

```
01  width: 600px;    /* 幅を 600px にする */
02  margin: 0 auto; /* 横の余白を autoにして、中央に寄せる */
```

しかし、BootstrapではCSSを編集しなくても、特定のタグやクラスにスタイルが割り当てられているため、それを使うだけでスタイルが整います。

ここでは、Bootstrapの「Containers」という機能を使ってみましょう。次のように「container」というclass属性を持つ<div>要素を追加します。

index.html

```
01  ...
02  <div class="container">
03    <header>
04      <h1>ご利用アンケート</h1>
05    </header>
06
07    <hr>
```

▶次ページに続く

```
08
09      <hr>
10
11      <footer>
12        <p>&copy; H2O space</p>
13      </footer>
14    </div><!-- container -->
```

これで、画面の左右に余白が入りました（見出しやフッターは左寄せの状態です）（**図4-1-4**）。

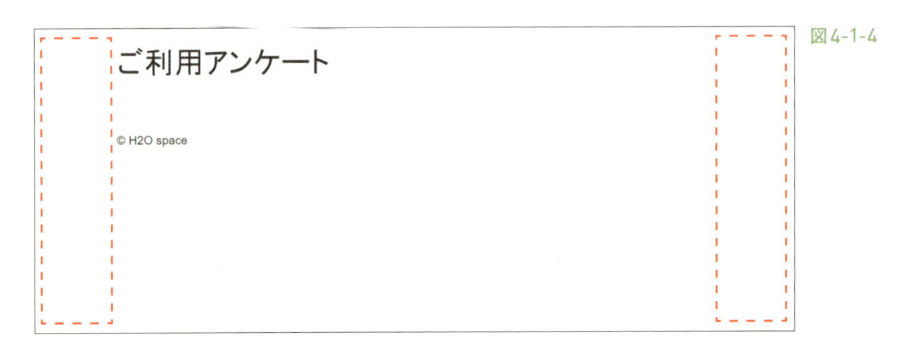

図4-1-4

Containersは、幅を狭めて中央に寄せるという効果があります。どのようなクラス名が使え、どのような機能があるかはBootstrapのドキュメントを確認すると分かります。

- Containers
  http://getbootstrap.com/css/#overview-container

ドキュメントが英語で読みにくい場合は、有志の方々が翻訳をしたサイトを立ち上げている場合もあるため、それらを探してみてもよいでしょう。

MEMO

参考サイト

- Bootstrap 非公式日本語版@wivern.com
  http://www.wivern.com/bootstrap/index.html
- Bootstrap3日本語リファレンス
  http://bootstrap3.cyberlab.info/

見た目を調整する

Bootstrapは最低限のスタイル調整しか行ないません。そのため、見出しなどは装飾されていると言うよりも「ノーマライズされている」程度に留まっています。装飾などは、自分でCSSを使って調整していきましょう。

まずは、見出しの見た目を整えてみましょう。

枠線は、<hr>タグを利用しました。<hr>は区切りを示す空要素で、横罫線などを引くのによく使われます。標準では、**図4-1-5**のような水平線が引かれます。

ご利用アンケート

図4-1-5

ここにスタイルを当てていきましょう。「style.css」に次のように書き加えます。

style.css

```
01  header {
02    margin-top: 30px;    /* 上に余白を 30px つける */
03    color: #2E99A9; /* 文字の色を緑に */
04  }
05
06  hr {
07    border-width: 3px;  /* 太さを 3px に */
08    border-color: #2E99A9;  /* 線の色を緑に */
09    margin: 30px 0; /* 上下の余白を 30px に */
10  }
11
12  h1 {
13    font-size: 18px;     /* 文字の大きさを 18px に */
14    font-weight: bold;  /* 文字の太さを太く */
15    margin: 0;  /* 余白をなくす */
16  }
```

　これで、ヘッダー部分が**図4-1-6**のように整いました。このように、文字の大きさや色などは、オリジナルのCSSで作り上げることができるため、「外装」は自分で作ることができるというわけです。

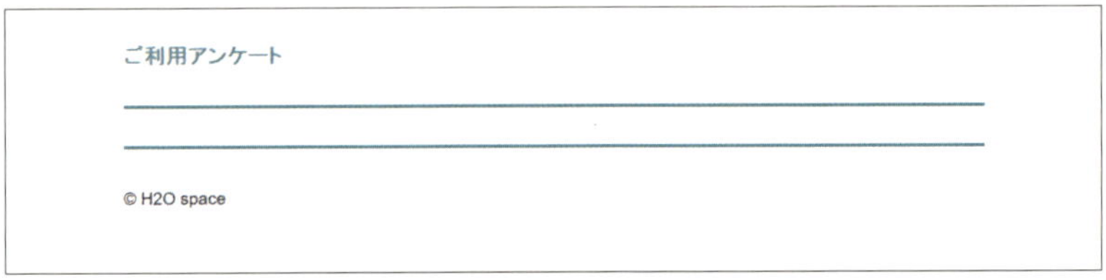

ご利用アンケート

© H2O space

図4-1-6

　ただし、ここでは水平線が**図4-1-1**のように画面一杯までは引かれず、途中で途切れてしまっています。

　これは、親要素の「container」に幅が設定されてしまっているため。そこで、<hr>要素だけを「container」から外に出す必要があります。HTMLを次のように変更しましょう。

index.html

```
01  <div class="container">
02    <header>
03      <h1>ご利用アンケート</h1>
04    </header>
05  </div><!-- container1 -->
06
07  <hr>
08
09  <hr>
10
11  <div class="container">
12    <footer>
13      <p>&copy; H2O space</p>
14    </footer>
15  </div><!-- container2 -->
```

　これで、**図4-1-7**のようになりました。

　Bootstrapは便利な半面、このように思わぬ部分でつまずくこともあるため、注意しましょう。

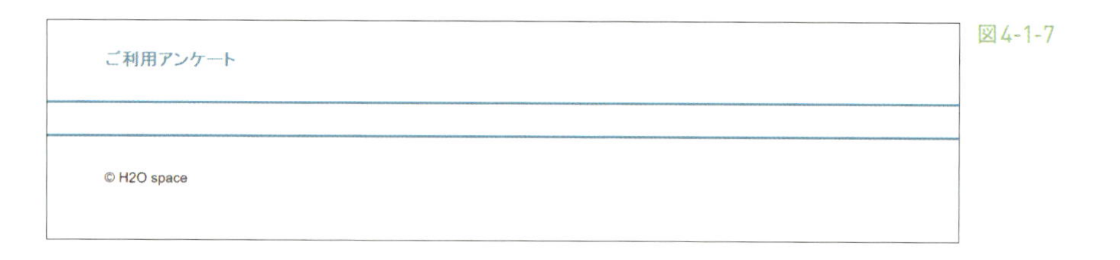

図4-1-7

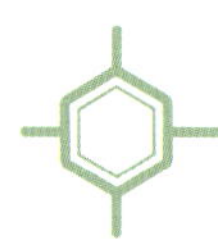

グリッドシステムを利用する

P.138の**図4-1-1**を見ると、画面の右端に「ホームへ戻る」リンクがあります。HTMLに次のように追加しましょう。

index.html

```
01  <header>
02    <h1>ご利用アンケート</h1>
03    <a href="/">HOMEへ戻る</a>
04  </header>
```

これを、サイト名の右側に回り込ませるためには、これまでの知識では「float」プロパティを使って実現することができそうです。

しかし、Boostrapを利用している場合は、それよりも「グリッドシステム」を活用するとよいでしょう。HTMLを次のように変更します。

MEMO

「float」プロパティは、P.097で詳しく紹介しています。

index.html

```
01  <header>
02    <div class="row">
03      <div class="col-sm-6">
04        <h1>ご利用アンケート</h1>
05      </div>
06      <div class="col-sm-6">
07        <a href="/">HOMEへ戻る</a>
08      </div>
09    </div>
10  </header>
```

これで、「float」プロパティを使ったときのようにリンクが回り込むようになりました（**図4-1-8**）。グリッドシステムは、画面を12個の「カラム」に分割し、利用したい幅の割合に応じてカラムを分け合って利用します（次ページのコラム参照）。ここでは、6つずつのカラムに分けて、左右均等にしたというわけです。

ご利用アンケート　HOMEへ戻る

© H2O space

図4-1-8

グリッドシステムを使うときの書式は次の通りです。

Bootstrapのグリッドシステムの書式

```
01  <div class="row">
02    <div class="col-XX-X">
03      ...
04    </div>
05    <div class="col-XX-X">
06      ...
07    </div>
08    ...
09  </div>
```

まず、「row」というクラスの要素で囲みます。この中に要素を追加していき、1行が合計12カラムになるように調整します。

ここでは、6ずつのカラムに分けるため、次のようにしました。

```
01  col-sm-6
```

真ん中の「sm」は、レイアウトが切り替わるポイント（ブレイクポイント）の指定です。詳しくはこの後紹介しましょう。

後は、リンクだけ画面の右端に寄せれば完成です。ここでは「align-right」というクラス名を付加して、汎用的に右寄せにできるようにしましょう。次のように追加します。

index.html

```
01    <div class="col-sm-6 align-right">
02      <a href="/">HOME へ戻る </a>
03    </div>
```

style.cssに次のように追加します。

style.css

```
01  .align-right {
02    text-align: right;
03  }
```

これで、右端に寄りました（**図4-1-9**）。

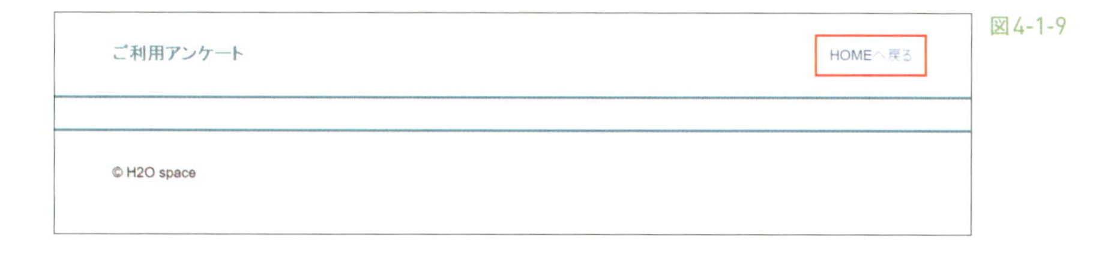

図4-1-9

COLUMN　グリッドシステムとは

グリッドシステムは、現在のCSSフレームワークにはほとんど備わっている、画面レイアウト手法の1つです。

図4-1-Aのように画面をいくつかの領域（Bootstrapの場合は、標準は12カラム）に分けて、何カラム分のスペースを利用するかを設定しながら、自由なレイアウトを行えるようになっています。

Chapter 3で紹介したリキッドレイアウト（画面幅に合わせて、要素の幅が調整されるレイアウト）に対応していて、各カラムの幅が調整されます（**図4-1-B**）。

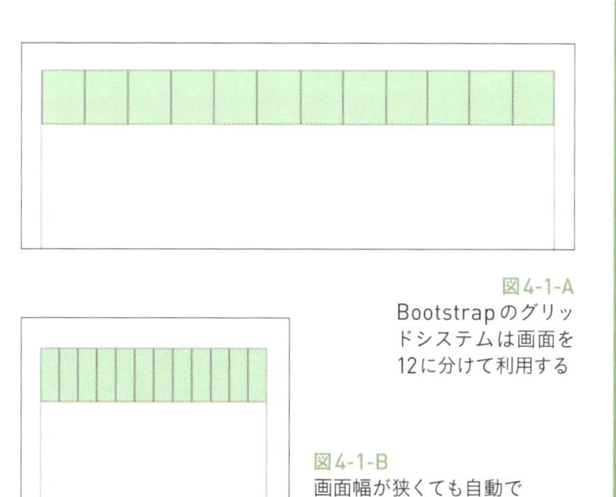

図4-1-A
Bootstrapのグリッドシステムは画面を12に分けて利用する

図4-1-B
画面幅が狭くても自動で調整される

▶次ページに続く

このカラムを、「使いたい幅」に合わせて使っていきます。
たとえば本文のように、左右均等の2つのカラム（**図4-1-C**）にしたい場合は、次のように記述します。

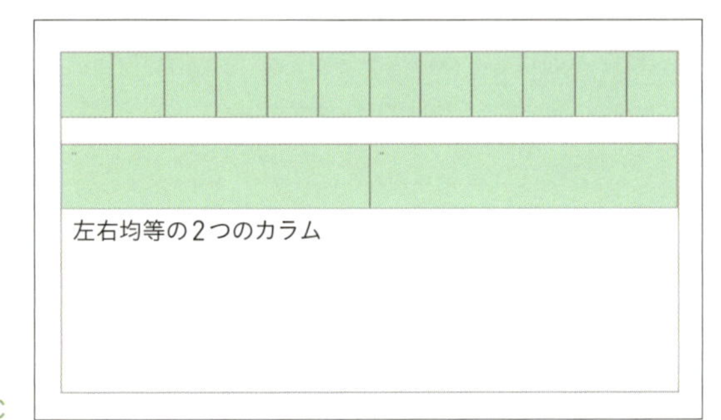

図4-1-C

HTML

```
01  <div class="row">
02    <div class="col-md-6">
03      ...
04    </div>
05    <div class="col-md-6">
06      ...
07    </div>
08  </div><!-- row -->
```

たとえば、サイドバーのように右側を少し狭いカラムにしたい場合は、8と4などと調整します（**図4-1-D**）。

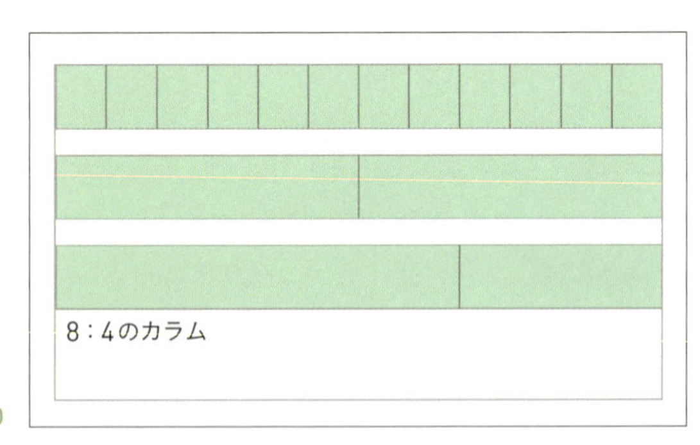

図4-1-D

HTML

```
01  <div class="row">
02    <div class="col-md-8">
03      ...
04    </div>
05    <div class="col-md-4">
06      ...
07    </div>
08  </div><!-- row -->
```

また、一時的に余白を作りたい場合は「**オフセット**」という仕組みを使うことができます。たとえば、左右に2カラム分ずつの余白を作る場合（**図4-1-E**）は、下のコードのようにします。
ここでは「col-md-offset-2」という記述によって、左側に2カラム分の余白ができました。そして、カラムの幅は8としているため、オフセット分をあわせても10となり、2カラム分余っています。このように余らせたカラムが右側の余白となります。

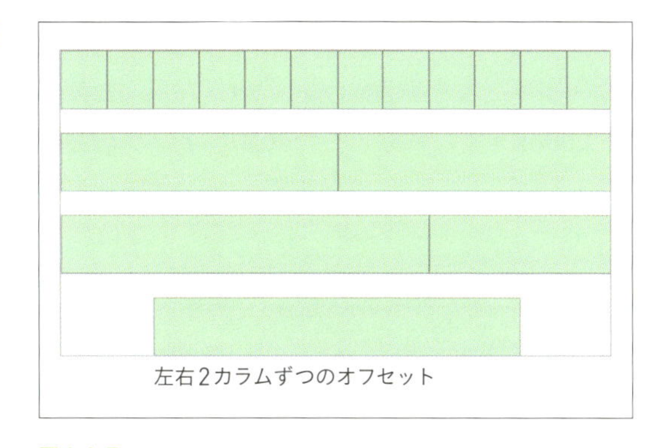

図4-1-E

HTML

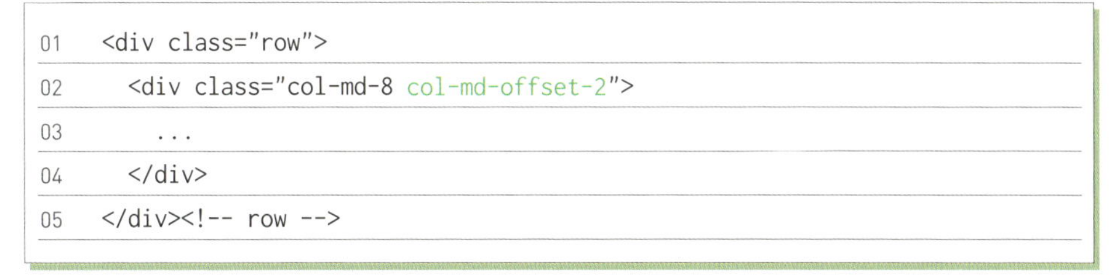

```
01  <div class="row">
02    <div class="col-md-8 col-md-offset-2">
03      ...
04    </div>
05  </div><!-- row -->
```

少しややこしく感じますが、グリッドシステムを利用すると自由なレイアウトができる上、レスポンシブWebデザインにも簡単に対応できます。使いこなしていきましょう。

グリッドシステムのレスポンシブWebデザイン

グリッドシステムの便利な点がもう1つあります。

Web ブラウザーの幅を縮めて、768px未満にしてみましょう。離れているので分かりにくいですが、回り込みが解除され、「ご利用アンケート」と「HOME へ戻る」が2行になって表示されます（**図4-1-10**）。先ほどの真ん中で指定した「sm」という記述がポイントです。

図4-1-10

Bootstrapのグリッドシステムは、標準でレスポンシブWebデザイン（RWD）に対応しています。そのブレイクポイント（RWDでレイアウトが変わるポイントとなる画面幅）を、「xs（768px未満）」「sm（992px未満）」「md（1,200px未満）」「lg（それ以上）」という4種類で定義しています。

xs	sm	md	lg
〜767px	768〜991 px	992〜1199 px	1200px〜

グリッドを使うときに、このうち、どのブレイクポイントに対応させるかを選ぶことができるのです。先ほど指定した、

```
01  <div class="col-sm-6">
```

という指定はつまり、画面幅が768pxまでは6カラムにするという指定で、それ以下になった場合は標準に戻ります（12カラムになります）。

次のように、複数のブレイクポイントに対応させることもできます。

HTML

```
01  <header>
02  <div class="row">
03    <div class="col-md-8 col-sm-4 col-xs-6">
04      <h1>ご利用アンケート</h1>
05    </div>
06    <div class="col-md-4 col-sm-8 col-xs-6 align-right">
07      <a href="/">HOMEへ戻る</a>
08    </div>
09  </div>
10  </header>
```

この場合、mdまでは8：4、smまでは4：8、そしてxsまでは6：6という画面幅によってレイアウトがころころ変わるというようなレイアウトを作ることもができるのです。とはいえ、あまりやり過ぎると利用者が混乱してしまうので気をつけましょう。

COLUMN

「align-right」のようなクラス名

本文で「align-right」というクラス名を利用しました。しかしこれは、あまり好ましい名前とは言えないとされてきました。なぜなら、もし今後レイアウトの変更などで右寄せでなくなった場合、「align-right」というクラス名であるにもかかわらず、右寄せではなくなる可能性があります。
このように、場所（left, center, right）や色（red, blue, yellow）、また余白などの数値（10px, 15px）などはクラス名にするべきではないとされています。

悪い例？

```
01  .align-center {
02    text-align: center
03  }
04
05  .color-red {
06    color: red;
07  }
08
09  .md-top-10px {
10    margin-top: 10px;
11  }
```

本来は、もっと本質的な意味を表わすクラス名を付加するべきとされてきました。
しかし、近年はエディターソフトが高機能化し、一括置換機能で簡単に入れ替えられたり、利用しているクラス名などを簡単に探せる機能もあったりするので、それほど神経質にならずに、あえて本文のようにスタイルに依存したクラス名を作る場合もあります。バランスを考えてクラス名を付けていきましょう。

フォームを仕上げよう

SECTION
02

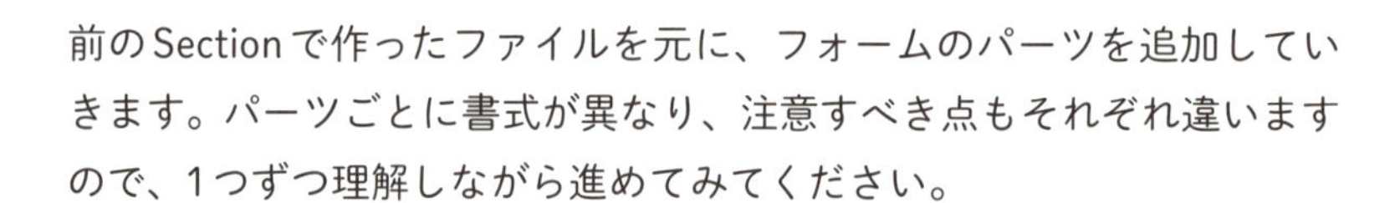

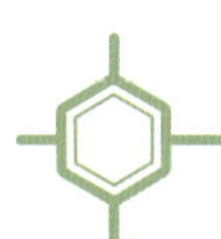

前のSectionで作ったファイルを元に、フォームのパーツを追加していきます。パーツごとに書式が異なり、注意すべき点もそれぞれ違いますので、1つずつ理解しながら進めてみてください。

フォームを作成する ── <form>

それでは、フォームを作成していきましょう。Chapter 2のサンプルでは省略してしまいましたが、フォームの内容を送信するためには、親要素として<form>要素が必要です。index.htmlに次のように追加します。

index.html

```
01  <hr>
02
03  <div class="container">
04    <form method="post">
05    </form>
06  </div>
07
08  <hr>
```

<form>要素は、次のような書式で指定します。

<form>要素の書式

```
01  <form action=" 送信先 " method="get または post">
```

action属性には、入力したフォームの送信先を設定します。フォームの送信先には、送られた内容を処理するプログラムが必要となります。これを説明するには、PHPやRubyといったプログラミング言語の説明が必要になり、本書の範囲を越えますので詳しくは割愛します。

準備ができる場合は準備しても良いですが、もし学習のために試しにフォームを送信してみたいという場合は、筆者が準備したお試し用プログラムを利用してください。次のようなURLを指定します。

```
01  <form action="https://book.h2o-space.com/html/form.php" method="post">
```

筆者が作成したプログラムで、送信された内容をそのまま表示するだけというプログラムです。情報などは保存していないため、安全ですが念のため個人情報などは送信しないようにご注意ください。

これを使って、制作を進めていきます。

COLUMN

method属性の値

<form>要素のmethod属性には「get」または「post」を指定することができます。これにより、フォームの送信方法が変わります。それぞれ紹介しましょう。

get方式

URLの一部分に入力した内容を足して送信する方法です。URLの後に、「?」記号に続けて送信内容を付け足し、この足された部分を「URLパラメーター」と呼びます。GoogleやAmazonなどのキーワード検索がこの方式を採用していて、サイトを見ると実際にURLが変化することが分かります。

例）Yahoo! JAPANで「HTML」を検索したときのURL

```
https://search.yahoo.co.jp/search?p=html&search.x=1&fr=top_
ga1_sa&tid=top_ga1_sa&ei=UTF-8&aq=0&oq=html&afs=
```

この方法の場合、URLをコピーすれば簡単に検索結果の画面などを共有したり保存することができます。URLを見れば内容が分かってしまうため、個人情報の送信や大量の情報の送信などには向いていません。

post方式

post方式では、URLは変化をさせることなくフォームの内容を送信することができます。先の通り、パスワードや個人情報の送信などや、メッセージ欄などを使って大量のデータを送信する場合に利用します。

method属性は省略することもでき、この場合は「get方式」が指定されます。

テキストフィールドを配置する

次に、フォームのパーツを設置します。まずは、テキストフィールドです。

index.html

```
01  <form action="https://book.h2o-space.com/html/form.php" method="post"
    class="row">
02    <div class="col-sm-8 col-sm-offset-2">
03      <p>この度は、本書をご利用頂きありがとうございます。恐れいりますが、以下のフォームにご記入頂き、
    送信して頂けると幸いです。</p>
04
05      <label for="name">お名前</label>
06      <input type="text" id="name" name="name">
07    </div><!-- col-sm-8 -->
08  </form>
```

ここもグリッドシステムを使って幅を調整しました。<form>要素に、「row」というclass属性が付け足されていることに注意しましょう。そして、<p>要素でフォームの説明を表示した後、フォーム本体（名前の入力フィールド）を表示しています。フォーム本体は、幅を少し狭くするため「col-sm-offset-2」を指定して、さらに幅自体も8としたため、両端に2カラムずつの余白を作っています。これで画面を表示すると**図4-2-1**のようになります。

ご利用アンケート

HOMEへ戻る

この度は、本書をご利用頂きありがとうございます。恐れいりますが、以下のフォームにご記入頂き、送信して頂けると幸いです。

お名前

© H2O space

図4-2-1

<input>要素は次のような書式で記述します。

<input>要素の書式

```
01  <input type=" 入力タイプ " name=" フォーム名 ">
```

なお、「id」属性はグローバル属性（P.046参照）です。

type属性に指定する「入力タイプ」には、「text」のほか、入力する内容に従って、次のどれかから選びます。

- text　一般的なテキスト
- password　パスワード（入力した内容が隠れる）
- email　メールアドレス
- url　url
- file　ファイルパス（ユーザーの環境上のファイルを指定できる）
- tel　電話番号
- number　数値
- date　日付（その他、datetime, datetime-local, month, time, weekがある）
- search　検索キーワード

それぞれ、利用するWebブラウザーによって挙動は異なりますが、基本的には指定したものが入力しやすいように動作します。たとえば、スマートフォンでtype属性が「number」のテキストフィールドを入力すると、**図4-2-2**のように数字のみのキーボードが表示されます。

以下をWebブラウザーで表示すると、すべての入力タイプの入力を試すことができるので、動作を確認してみましょう。

・http://book.h2o-space.com/html/all-parts.php

なお、Webブラウザーによってはtype属性による挙動に対応していないものもあります。その場合はいずれも、「text」を指定したのと同じ状態になります。

図4-2-2

「name」属性は、フォームを送信したときにサーバーサイドプログラムに渡される値の「名前」を指定します。他のパーツと名前が重複しないようにつける必要があります。通常は、サーバー側のプログラムによって指定などがあります。

Bootstrapを使ってスタイルを調整する

Bootstrapには、フォーム用のスタイルも準備されています。先ほど追加したテキストフィールドに「form-controll」というclass属性を割り当てましょう。

index.html

```
01  ...
02  <input type="text" id="name" name="name" class="form-control">
```

そして、<label>要素と<input>要素を「form-group」というclass属性の要素で囲みます。

index.html

```
01  ...
02  <div class="form-group">
03    <label for="name">お名前</label>
04    <input type="text" id="name" name="name" class="form-control">
05  </div>
```

これで、**図4-2-3**のように、テキストフィールドの横幅が広がりました。

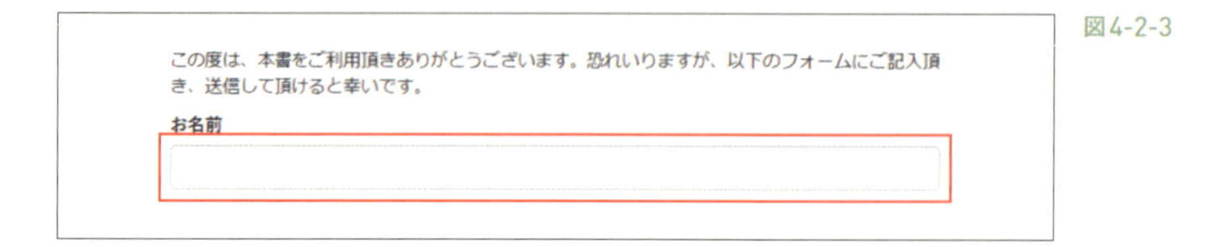

図4-2-3

入力例を示す ― placeholder

<input>要素には、この他にもさまざまな属性を指定することができます。ここでは、入力例などを示す「placeholder」属性を使ってみましょう。次のように指定します。

index.html

```
01  <div class="form-group">
02    <label for="name">お名前</label>
03    <input type="text" id="name" name="name" class="form-control"
    placeholder="例）山田　太郎">
04  </div>
```

これで画面を表示すると、**図4-2-4**のようにテキストフィールドに薄い文字で入力例が表示されます。この例は、ユーザーが文字を入力すると見えなくなります（**図4-2-5**）。ここではplaceholder 属性を確認できたら削除しておいてください。

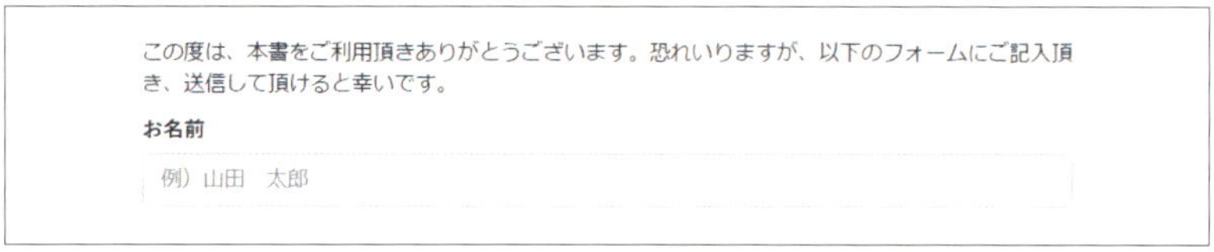

この度は、本書をご利用頂きありがとうございます。恐れいりますが、以下のフォームにご記入頂き、送信して頂けると幸いです。

お名前

例）山田　太郎

図4-2-4

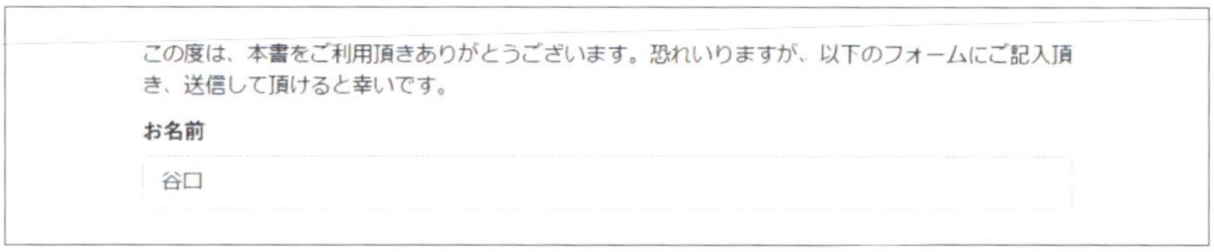

この度は、本書をご利用頂きありがとうございます。恐れいりますが、以下のフォームにご記入頂き、送信して頂けると幸いです。

お名前

谷口

図4-2-5

COLUMN placeholder属性の正しい使い方

placeholder属性は、本文のように入力例などを表示するようにしましょう。たとえば、次のように、

```
01  <input ... placeholder="ここに名前を入力してください">
```

と指示を書くだけでは、漢字で書くのか苗字と名前の間は空けるのかなどが理解できません。また、次のような例も不適切です。

```
01  <input ... placeholder="山田　太郎">
```

この場合、一見すると既に「山田　太郎」と入力が済んでいる状態だと見えてしまう恐れがあります。必ず、先頭などに「例)」などを記述するなど、例であることが分かるようにしましょう。

▶次ページに続く

また、近年フォームの見た目を気にして「placeholder」属性を、<label>要素の代わりにするケースがあります。

```
01    <input ... placeholder=" お名前 ">
```

図4-2-Aのようなフォームは、一見するとスッキリしたフォームで見栄えが良いですが、文字を入力し始めるとなんの入力欄なのか分からなくなってしまうため、使い勝手が悪くなってしまいます。正しく利用しましょう。

図4-2-A

ドロップダウンリストを設置する ── <select>と<option>

フォームには、テキストフィールド以外にもさまざまな入力欄があります。まずは、「ドロップダウンリスト」を利用しましょう。index.htmlに次のように追加します。

index.html

```
01        ...
02        <input type="text" id="name" name="name" class="form-control">
03      </div>
04      <div class="form-group">
05        <label for="job">ご職業</label>
06        <select id="job" name="job" class="form-control">
07          <option value="">選択してください</option>
08          <option value="会社員">会社員</option>
09          <option value="学生">学生</option>
10          <option value="その他">その他</option>
11        </select>
12      </div>
13    </div><!-- col-sm-8 -->
```

これで、図のように右側に「▼」のついたエリアが追加されます。タップやクリックすると、**図4-2-6**のようにリストが展開され、選択することができます。ドロップダウンリストの書式は次の通りです。

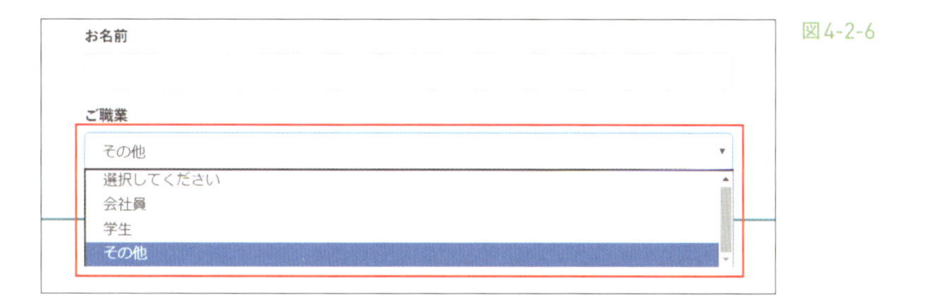

図4-2-6

ドロップダウンリストの書式

```
01 <select name="パーツ名">
02   <option value="値">表示ラベル</option>
03   ...
```

必ず、**<select>要素**と**<option>要素**が親子で使われます。<option>要素は複数追加することができます。**value属性**の値は、表示ラベルの内容とは異なる値を指定することもできます。

例)

```
01 <option value="1">会社員</option>
02 <option value="2">学生</option>
03 ...
```

こうすると、ユーザーが選択するときは「会社員」や「学生」と表示されますが、実際にフォームが送信されているときに「1」や「2」といった数字になって送信されます。サーバーサイドプログラム側の仕様に合わせて設定します。

COLUMN ドロップダウンリストの先頭の選択肢について

ドロップダウンリストを利用するときは、先頭に「value属性」が空の<option>要素を追加するのが一般的です。表示する内容は、本文のように「選択してください」といった指示を表示したり、空白にしたりします。
なぜこのような選択肢を準備するかというと、「ユーザーが選ばなかった」という状態が分かりやすくなるためです。たとえば、次のように空の選択肢を設けなかったとします。

```
01  <div class="form-group">
02    <label for="job">ご職業</label>
03    <select id="job" name="job" class="form-control">
04      <option value="会社員">会社員</option>
05      <option value="学生">学生</option>
06      <option value="その他">その他</option>
07    </select>
08  </div>
```

この画面を表示すると、**図4-2-B**のように最初から「会社員」が選ばれた状態になります。このまま、送信された場合、ユーザーが「会社員」を選ぼうとして、あえて操作をしなかったのか、それとも操作をし忘れて「会社員」のままになってしまったのかの区別が付きません。
そのため、ドロップダウンを作る場合は最初に必ず、空の選択肢を準備するようにしましょう。

図4-2-B

COLUMN リストボックスが作れるsize属性とmutiple属性

<select>要素には、size属性が指定できます。ここに数字を指定すると、ドロップダウンリストではなく、「リストボックス」と呼ばれる**図4-2-C**のような入力欄が作られます。

この度は、本書をご利用頂きありがとうございます。恐れいりますが、以下のフォームにご記入頂き、送信して頂けると幸いです。
お名前
ご職業
会社員
学生
その他

図4-2-C

```
01  <div class="form-group">
02    <label for="job">ご職業</label>
03    <select id="job" name="job" class="form-control" size="3">
04      <option value="会社員">会社員</option>
05      <option value="学生">学生</option>
06      <option value="その他">その他</option>
07    </select>
08  </div>
```

すべての選択肢がはじめから確認できるため、一覧性が高くなります。
また、これに「multiple」属性を付加すると複数の選択肢を選択できるようになります。

```
01  <div class="form-group">
02    <label for="job">ご職業</label>
03    <select id="job" name="job" class="form-control" size="3" multiple>
04      <option value="会社員">会社員</option>
05      <option value="学生">学生</option>
06      <option value="その他">その他</option>
07    </select>
08  </div>
```

しかし、実際にはこの属性はあまり利用されることはありません。
この後紹介する「チェックボックス」や「ラジオボタン」で同じような機能を実現できる上、リストは見た目が特殊で分かりにくく、「multiple」属性も［Ctrl］（［command］）キーを押しながら複数の選択肢をクリックするなど、操作が分かりにくいため、近年ではあまり使われなくなってしまいました。

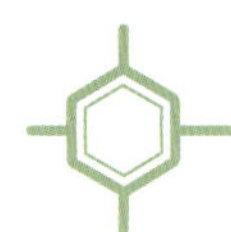

複数の選択ができるチェックボックスを設置する

続いて、チェックボックスを設置しましょう。

チェックボックスは、**図4-2-7**のようにチェックをつけることができる入力欄で、たとえば**図4-2-8**のように1つだけで利用して「YES/NO」の選択肢を示すものや、複数を並べて選択できるものがあります。

次ページのようにHTMLを追加しましょう。

HTML
CSS
JavaScript

図4-2-7

規約に同意しますか？

同意します

図4-2-8

index.html

```
01      </select>
02    </div>
03
04    <div class="form-group">
05      <label>知りたい内容（複数回答可）</label>
06      <div class="checkbox">
07        <label>
08          <input type="checkbox" name="q1" value="html">
09          HTML
10        </label>
11      </div>
12      <div class="checkbox">
13        <label>
14          <input type="checkbox" name="q1" value="css">
15          CSS
16        </label>
17      </div>
18      <div class="checkbox">
19        <label>
20          <input type="checkbox" name="q1" value="javascript">
21          JavaScript
22        </label>
23      </div>
24    </div>
25  </div><!-- col-sm-8 -->
```

チェックボックスの書式は次の通りです。

チェックボックスの書式

```
01  <input type="checkbox" name="パーツ名" value="送信する値">
```

チェックボックスは、タグを単体で利用すると**図4-2-9**のような、四角いボックスしか表示されないため、その前後に必ず「ラベル」を付加します。特にBootstrapでは、ラベルを含めて<label>要素で囲むことになっています。さらにその上から、「checkbox」というclass属性の付いた要素で囲みます。

図4-2-9

```
01 <div class="checkbox">
02   <label>
03   <input type="checkbox" name="パーツ名" value="送信する値">
04   ラベル
05   </label>
06 </div>
```

これで、**図4-2-10**のように表示されます。チェックボックスを複数並べた場合、「name」属性がポイントになります。name属性は重複しないようにつけるというのがルールでしたが（P.157参照）、チェックボックスの場合、同じ設問項目の選択肢の場合にはname属性を同じ値にします。ここではいずれも「q1」となっています。

これにより、送信時に複数チェックをつけた内容がまとめて送信されます。

図4-2-10

なお、サーバーサイドプログラムの仕様によってはname属性を「q1[]」などの値にする場合もあります（PHPの場合）。仕様を確認しましょう。

また、チェックボックスが複数選択できることはユーザーには理解できないかもしれないため、設問にも「複数選択可」などの注意書きを加えておくと良いでしょう。

非常に重要な<label>の役割

<label>要素は、これまでも入力ボックスの説明（ラベル）としてマークアップしてきましたが、実はこの要素には重要な役割があります。

たとえば、**図4-2-10**の「お名前」の部分をタップまたはクリックしてみましょう。すると、テキストフィールドにテキストカーソルが表示されるのが分かります（これを「フォーカスがあたる」といいます）。同じく「ご職業」もタップ・クリックするとフォーカスがあたります。

このように<label>は、対象となる入力ボックスを関連づけることができ、クリックなどの操作に反応することができるのです。これは、チェックボックスやこの後紹介するラジオボタンでも大きな力を発揮します。ここで、**図4-2-10**の「HTML」という箇所をタップまたはクリックしてみましょう。チェックボックスにチェックが付きました。

ではたとえば、次のような例ではどうでしょうか。

```
01    <input type="checkbox" name="q1" value="HTML"> <span>HTML</span>
```

ここでは、<label>要素の代わりに<span>要素を使いました。

この場合、チェックボックスにチェックをつけるためには**図4-2-11**のようにチェックボックス自体を操作しなければなりません。操作が非常に細かく、特にスマートデバイスなどの指で操作する端末ではチェックがしにくくなってしまいます。

そのため、特にチェックボックスやラジオボタンには必ず、<label>要素をつけましょう。

図4-2-11

単一項目を選択するラジオボタンを設置する

チェックボックスと同じような入力ボックスで、1つしか選択できないのが「ラジオボタン」です。次のようなHTMLをチェックボックスの下に追加しましょう。

index.html

```
01      </div>
02    </div>
03    <div class="form-group">
04      <label>理解度はいかがですか？</label>
05      <div>
06        <label class="radio-inline">
07          <input type="radio" name="q2" id="q2_1" value="1"> 理解できなかった
08        </label>
09        <label class="radio-inline">
10          <input type="radio" name="q2" id="q2_2" value="2"> だいたい理解できた
11        </label>
12        <label class="radio-inline">
13          <input type="radio" name="q2" id="q2_3" value="3"> 理解できた
14        </label>
15        <label class="radio-inline">
16          <input type="radio" name="q2" id="q2_4" value="" checked> 回答しない
17        </label>
18      </div>
19    </div>
20  </div><!-- col-sm-8 -->
```

図4-2-12のように表示されます。type属性が「radio」になっている程度で、チェックボックスとほとんど同じです。

また、Bootstrapでは<label>要素に「radio-inline」クラスを付加すると、横に並べたときのスタイルが整います。

チェックボックスの場合でも同じように「checkbox-inline」クラスを<label>要素に付加することで、横に並べたときのスタイルが整います(Bootstrapの場合)。

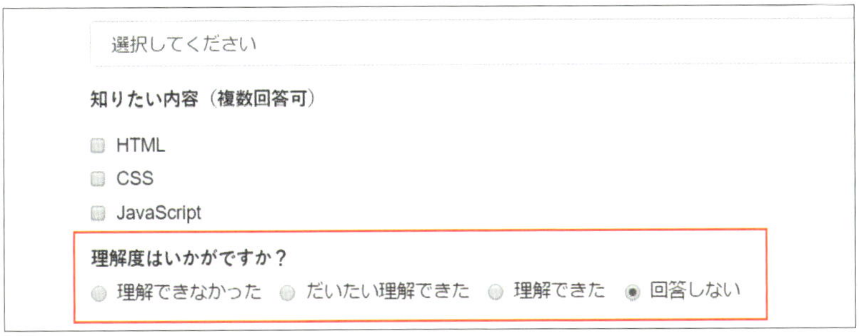

選択してください

知りたい内容（複数回答可）

HTML
CSS
JavaScript

理解度はいかがですか？

理解できなかった　だいたい理解できた　理解できた　回答しない

図4-2-12

COLUMN　ラジオボタンの空項目

ラジオボタンにも、ドロップダウンボックスと同様に**空の選択肢**を準備すると良いでしょう。ラジオボタンの場合、画面を表示した直後は「なにも選択されていない」という状態にできるため、問題はありません。しかし、一度なにかをチェックしてしまうと、ラジオボタンでは外すことができません。そのため、「間違えて答えてしまったが、本当は答えたくなかった」といったときに元に戻すことができなくなり、結果的に「適当な回答」が送信されてしまう恐れがあります。
そのため、一番最後などに「回答しない」「該当なし」などの選択肢を準備し、意図しない回答を避けられるようにすると良いでしょう。

本文では、この「回答しない」の選択肢をはじめから選んでおくように**「checked」属性**を付加しました。次のコラムを参照してください。

COLUMN　フォームパーツのデフォルト値

先のコラムで、ラジオボタンに「checked」属性を付加すると、最初からチェックをつけられると紹介しました。このように、各フォームでは**最初の状態**を制御するための属性がそれぞれあります。紹介していきましょう。

テキストフィールド

テキストフィールドは、**「value」属性**に値を入れると標準で値の入ったテキストフィールドを作成することができます。

例）

```
01  <input type="text" name="sample" value="初期値">
```

ドロップダウンリスト（リストボックス）

ドロップダウンリストやリストボックスは、選択しておきたい選択肢に**「selected」属性**を付加します。

例）

```
01  <select name="sample">
02    <option value="">選択してください</option>
03    <option value="1" selected>1つめ</option>
04    <option value="2">2つめ</option>
05  </select>
```

チェックボックス・ラジオボタン

本文の通り、**「checked」属性**を付加します。チェックボックスも同様です。

例）

```
01  <checkbox name="sample" value="" checked>
```

テキストエリア

テキストエリアの場合は、属性ではなくタグの内容として記述すると、それが初期値になります。

例)

```
01    <textarea name="sample"> 初期値 </textarea>
```

COLUMN

ラジオボタンとドロップダウンリストの使い分け

ラジオボタンとドロップダウンリストは「複数の選択肢から、1つを選ぶ」という点では同じ役割を持つ入力ボックスです。この2つはどのように使い分けるべきでしょうか？　次のポイントがあります。

選択肢の数

選択肢があまりにも多い場合、ラジオボタンでは画面が選択肢で一杯になってしまいます。そのため、ドロップダウンボックスの方が適しています。

迷う項目かどうか

ドロップダウンボックスは、一覧性が低いという欠点があります（**図4-2-D**）。選択肢が多いとスクロールしなければ見えませんし、なにかを選んでしまうとリストが閉じてしまいます。そのため、「選択肢を見ながらじっくり考えたい」といった項目には適していません。

図4-2-D

これらを考慮すると、たとえば「住所の都道府県」などは「選択肢が多くて、迷わない」項目なのでドロップダウンリスト、「興味のある分野」などのアンケート項目の場合は、迷って選ぶ項目であるため（多少選択肢が多くても）ラジオボタンが適していると言えます。各設問の役割を考えながら、適切な入力ボックスを選びましょう。

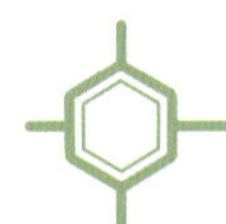

ラジオボタンをRWD対応にする

横並びにしたラジオボタンは、そのままでは横幅の狭い画面で表示したとき、**図4-2-13**のように意図しないところで折り返されてしまいます。

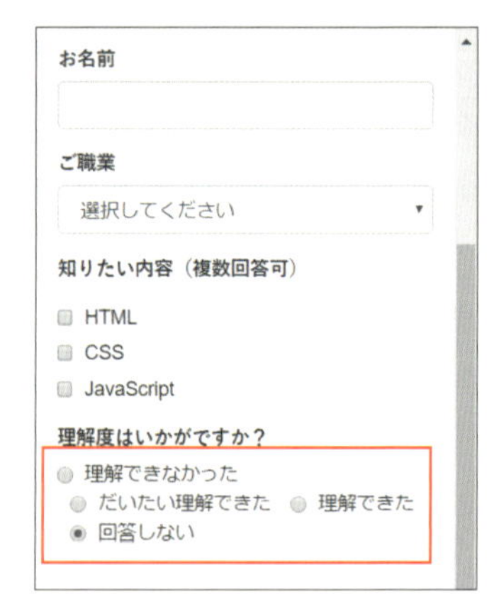

図4-2-13

そこで、メディアクエリーを使って画面幅が狭くなったら縦並びになるようにしましょう。

style.cssの最後に次のように追加します。

style.css

```
01  ...
02  @media only screen and (max-width: 992px) {
03    .radio-inline {
04      display: block; /* ブロック要素にして改行されるように */
05      margin: 0 !important;   /* 余白を 0に（強制的に）*/
06    }
07  }
```

画面幅が992px未満になったら、「radio-inline」クラスで指定されているスタイルを変更するという指定です。現在は「display」プロパティが「inline-block」になっているため、これを「block」に戻します。余白をつけるための「margin」プロパティがかかっているので、これも解除するために「0」を指定します。

しかし、この「margin」プロパティは後述する「優先順位の変更」によってそのままでは無効になってしまいます。そこで、「!important」をつけて強制的に適用させています。詳しくは次のコラムで紹介します。

これで、スマートフォンなどでは縦並びで表示されるようになりました（**図4-2-14**）。

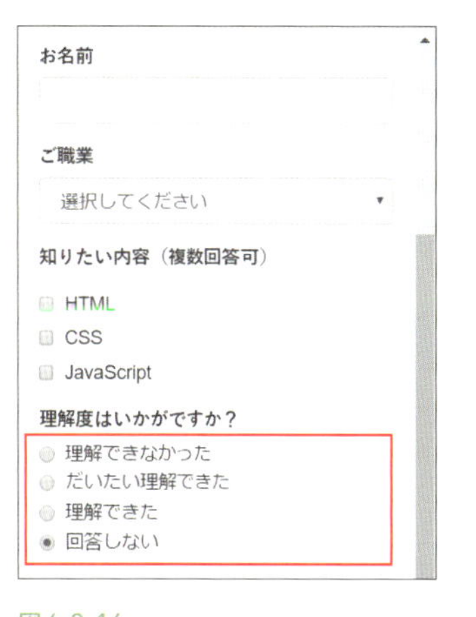

図4-2-14

COLUMN

!importantによる優先順位の変更

Chapter 3（P.092）で紹介したとおり、CSSには優先順位があるため、新しくスタイルを記述してもうまく適用されないことがあります。そのような場合、確実に適用させたいプロパティに「!important」というオプションをつけると、優先順位が最高位になります。

例）

```
01  margin: 0 !important;
```

値の後に、半角空白を入れて指定します。
ただし、!importantは多用するとCSSの構成が分かりにくくなったり、それ以上詳細度を上げることができなくなるため、スタイルを整えにくくなる可能性があります。
利用するときは注意しながら利用しましょう。

まとめると、CSSの優先順位は以下のようになります（下にいくほど優先順位が高くなります）。

- 全称セレクター
- タイプセレクター
- クラスセレクター
- 属性セレクター
- 疑似クラスセレクター
- idセレクター
- style属性によるインライン指定（P.044参照）
- !important

複数行の入力が可能なテキストエリア ― <textarea> ―

最後に、ご意見などを自由に記入できるエリアを追加しましょう。

<textarea> 要素を利用します。この要素は、他のフォームパーツと異なり、空要素ではなくて閉じタグがあります。次のように追加しましょう。

index.html

```
01        </div>
02      </div>
03      <div class="form-group">
04        <label for="message">ご意見</label>
05        <textarea name="message" id="message" rows="10" class="form-control">
        </textarea>
06      </div>
07    </div><!-- col-sm-8 -->
```

図2-4-15のように、大きな入力欄が追加されました。

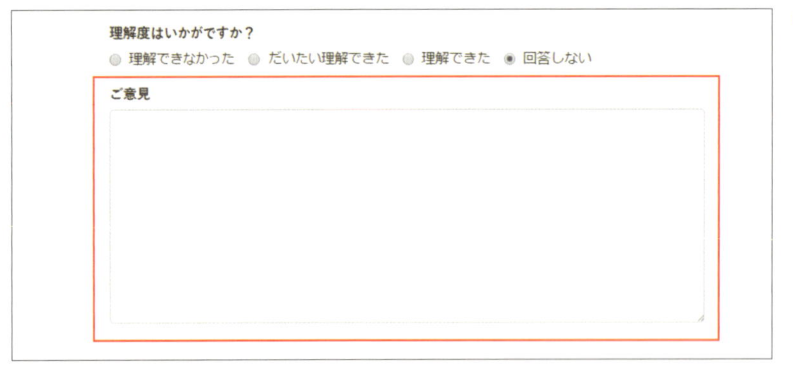

図4-2-15

テキストエリアは次のような書式で記述します。

テキストエリアの書式

```
01    <textarea name="パーツ名" cols="幅" rows="行数">初期値</textarea>
```

「cols」属性は、テキストエリアの「幅」を決める設定ですが、Bootstrapの場合はもともと「画面幅一杯」という設定がされているため、この属性の指定は省略します。もし、Bootstrapを利用しない場合でも、レスポンシブWebデザインを採用する場合は、「cols」属性を指定することができません。

なぜなら、テキストエリアの幅が固定されてしまって、スマートフォンの画面幅からはみ出てしまうためです。CSSの「width」属性で幅を設定するようにしましょう。

例）

```
01  textarea {
02    width: 100%;     /* 幅を 100%に */
03  }
```

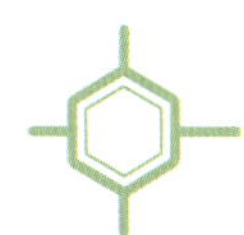

送信ボタンを設置する — submit

最後に、送信ボタンを配置します。送信ボタンは、<button>要素を使って以下のように追加します。

index.html

```
01    </div>
02    <button type="submit" class="btn btn-default">送信する</button>
03  </div><!-- col-sm-8 -->
```

図4-2-16のような、ボタンが設置されます。

図4-2-16

MEMO
<button>要素は、P.034で登場しています。

送信ボタンの書式は次のようになります。

送信ボタンの書式

```
01    <button type="submit">ボタンのラベル</button>
```

class属性に指定したのは、Bootstrapで指定されているクラスで、これらを指定しないと**図4-2-17**のような標準の見た目になります（図はWindows版 Chromeの場合）。このボタンをクリックすると、先の<form>要素の「action」属性で指定した送信先に、入力内容が送信されます。

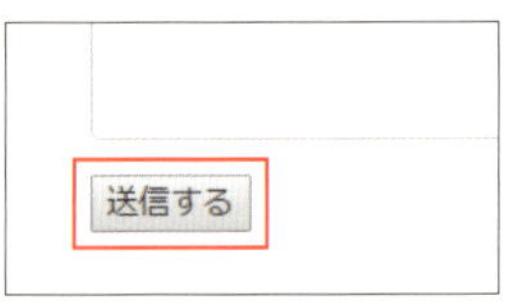

図4-2-17

COLUMN

リセットボタンの必要性

フォームには、送信ボタンの他に、リセットボタンを設置することができます。
次のような書式です。

リセットボタンの書式

```
01    <button type="reset" value="リセット">
```

このボタンをクリックすると、フォームの入力ボックスがすべて初期化されます。しかし、近年このボタンは設置しないのが一般的になっています。それはたとえば、入会フォームや購入フォームなどで「ここまで入力した内容をすべてなかったことにしたい」というケースがあまり想定できない上に、送信ボタンと間違えて押してしまった場合に、それまでの入力内容がすべて消えてしまい、リスクやデメリットの方が大きいためです。

なお、たとえば検索フォームなど、条件を次々に変えながら操作を試したい場合にはリセットボタンは有用です。適材適所で使っていきましょう。

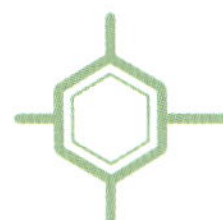

必須項目を作る ― required

入力フォームには、必ず入力して欲しい「必須項目」があります。この場合、「required」属性を付加すれば、未入力の場合に警告を表示することができます。ここでは、「お名前」という入力項目を必須項目にしてみましょう。

index.html

```
01  ...
02  <div class="form-group">
03    <label for="name">お名前</label>
04    <input type="text" id="name" name="name" class="form-control" required>
05  </div>
```

こうして、お名前を入力しないで送信をしようとしてみてください。

図4-2-18のような警告が表示されます（図はWindows版 Chromeの場合）。

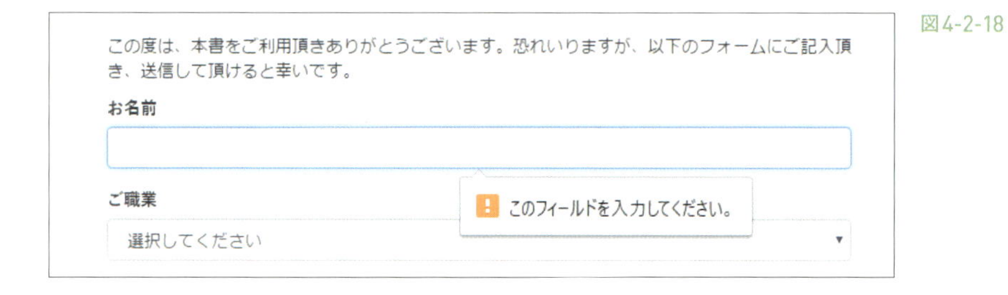

図4-2-18

ただし、属性を付加しただけではユーザーにはどの項目が必須項目か分からないため、画面上にも明示しましょう。<label>要素にも次のように追加します。

```
01  <div class="form-group">
02    <label for="name">お名前 <span class="label label-danger">必須</span></
    label>
03    <input type="text" id="name" name="name" class="form-control" required>
04  </div>
```

<span>要素を追加し、「label」「label-danger」というクラスを付加しました。これは、Bootstrapの「Labels」を作成するためのクラスで、「label-danger」で背景の赤いラベルが作られます。

これで、ユーザーにも必須項目であることが分かりやすくなりました（**図4-2-19**）。

図4-2-19

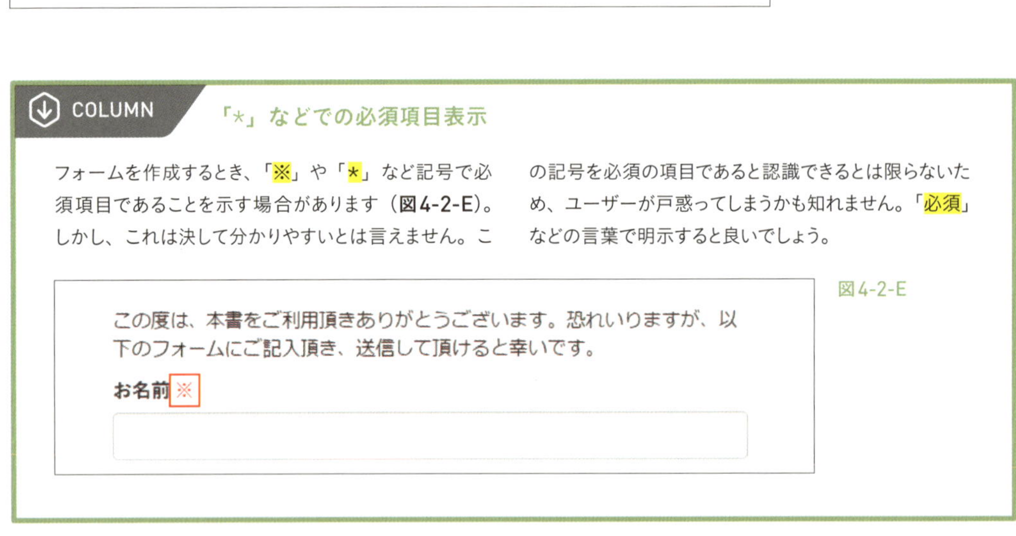

COLUMN

「*」などでの必須項目表示

フォームを作成するとき、「※」や「*」など記号で必須項目であることを示す場合があります（**図4-2-E**）。しかし、これは決して分かりやすいとは言えません。この記号を必須の項目であると認識できるとは限らないため、ユーザーが戸惑ってしまうかも知れません。「必須」などの言葉で明示すると良いでしょう。

図4-2-E

JavaScriptのきほんを学ぼう

CHAPTER 5

JavaScriptは、プログラミング言語の一種で、HTML/CSSだけではできない「動く」コンテンツ（＝インタラクティブなどといいます）を作ることができます。Chapter 5以降では、スマホで使えるHTMLアプリを作りながら、JavaScriptを学んでいきましょう。
Chapter 5では、今日の日付を取得して画面に表示させるサンプルを作っていきます。

TODAY

2017/1/13

SECTION 01

画面に文字や数字を表示させよう

まずは、HTML、CSSで簡単なWebページを作ります。その後、HTMLで表示させていた文字の一部をJavaScriptで表示させるように変更してみます。このSectionでは、JavaScriptの基本的な書き方や、計算方法、文字の扱い方といったことについて学びます。

サンプルの完成形を確認する

このChapterで作成するサンプルを表示してみましょう。**図5-1-1**のようなものです。とはいえ、おそらく実行するとこの画面とは違う日付が表示されます。「今日」の日付が表示されていることでしょう。

HTML/CSSだけでは、表示する内容はあらかじめHTMLの中に記載しなければなりませんので、「今日の日付をその場で入れる」といったことはできません。しかし、JavaScriptはこれが可能になります。JavaScriptは、Webブラウザーが動作している間、ずっと「今なにが起こっているか」を監視しています。そして、必要なタイミングで必要な作業をその場で行ってくれるのです。

ここでは、「ページが表示されたときに、今日の日付を取得して画面に表示する」というプログラムを作成して、それを「実行」させたというわけです。早速作っていきましょう。

TODAY
2017/1/13

図5-1-1

Chapter 5からは、スマートフォンで使うサンプルを想定しているため、画面の図がスマホサイズになっています。ただ、パソコンでも問題なく表示できます。

HTML、CSSファイルを用意する

まずは、HTMLとCSSを準備しましょう。次のようなファイルを準備してください。Bootstrapをロードする部分は、Chapter 4のサンプルファイルや、Bootstrapのダウンロードページ（P.141）からコピーすると良いでしょう。

index.html

```
01  <!DOCTYPE html>
02  <html lang="ja">
03  <head>
04    <meta charset="UTF-8">
05    <meta name="viewport" content="width=device-width">
06
07    <title>TODAY</title>
08
09    <!-- Latest compiled and minified CSS -->
10    <link rel="stylesheet" href="https://maxcdn.bootstrapcdn.com/
    bootstrap/3.3.7/css/bootstrap.min.css" integrity="sha384-BVYiiSIFeK1dGmJRAkycu
    HAHRg32OmUcww7on3RYdg4Va+PmSTsz/K68vbdEjh4u" crossorigin="anonymous">
11
12    <!-- Optional theme -->
13    <link rel="stylesheet" href="https://maxcdn.bootstrapcdn.com/
    bootstrap/3.3.7/css/bootstrap-theme.min.css" integrity="sha384-rHyoN1iRsVXV4nD
    0JutlnGaslCJuC7uwjduW9SVrLvRYooPp2bWYgmgJQIXwl/Sp" crossorigin="anonymous">
14
15    <link rel="stylesheet" href="css/style.css">
16  </head>
17
18  <body>
19    <header>
20      <h1>TODAY</h1>
21    </header>
22
23    <div class="container">
24      <p class="date">20xx/01/23</p>
```

▶次ページに続く

```
25      </div>
26    </body>
27    </html>
```

style.css

```
01    body {
02      font-family: Arial; /* フォントを Arial に */
03      text-align: center; /* 文字を中央揃えに */
04    }
05    header {
06      margin-bottom: 100px;   /* ヘッダーの下部に余白を作る */
07    }
08    h1 {
09      background-color: #000; /* 背景を黒に */
10      color: #fff;     /* 文字を白に */
11      margin: 0;  /* 余白をなくす */
12      padding: 10px;  /* 要素内余白を 10px に */
13      font-size: 18px;     /* 文字サイズを 18px に */
14    }
15    .date {
16      font-size: 300%;     /* 文字サイズを 3 倍に */
17      font-family: 'Times New Roman', Times, serif;    /* フォントを Times New
      Roman に */
18    }
```

ベースは、Bootstrapを利用しながらstyle.cssで見た目を調整しています。

現在は、index.htmlをWebブラウザーにドラッグ＆ドロップして画面を表示しても、「20xx/01/23」という文章が常に表示されます（**図5-1-2**）。ここに、JavaScriptを記述していきましょう。

TODAY

20xx/01/23

図5-1-2

画面に文字を表示する ― document.write

まずは、HTMLの「container」というclass属性が付いている<div>要素を次のように変更します。元あったHTML（<p>要素）は削除しましょう。

index.html

```
01  <div class="container">
02    <script>
03      // 日付を表示する
04      document.write('<p class="date">20xx/01/23</p>');
05    </script>
06  </div>
```

HTMLの代わりに<script>というタグが挿入されました。JavaScriptを記述する場合、この**<script>要素**の中に記述することになります。

このファイルをWebブラウザーで表示しても表示内容は変わりません。しかし、日付の部分はJavaScriptが動作をして画面に表示させています。

1つ実験をしてみましょう。さきほどのJavaScriptを次のように変更してみてください。

index.html

```
01  ...
02  document.right('<p class="date">20xx/01/23</p>');
03  </script>
```

「write」と記述されていた箇所を、わざと「right」に間違えてみました。これで画面を表示すると、画面にはタイトルだけが表示されることが分かります（**図5-1-3**）。JavaScriptが正常に動作しなくなってしまったため、途中で止まってしまったのです。これを「JavaScriptで**エラー**が発生している」状態といいます。

TODAY

図5-1-3

エラーについてはこの後詳しく紹介します。プログラムを元に戻しておきましょう。

```
01 document.write('<p class="date">20xx/01/23</p>');
```

ここで登場したJavaScriptは、次のような書式で記述しています。

ここで登場したJavaScriptの書式

```
01 オブジェクト.メソッド(パラメーター, パラメーター2, ...);
```

新しい言葉が次々に出てきましたが、1つずつクリアしていきましょう。

動作させたい対象を示すオブジェクト

オブジェクト（Object）は英語で「もの」といった意味がありますが、ここでは「対象」と考えると良いでしょう。JavaScriptでは、Webブラウザー内のさまざまな要素に対して、「命令」をすることができます。その対象となるものがオブジェクトです。たとえばここでは、「document」というオブジェクトを指定しました。

documentは、Webブラウザー内に表示されている文書、つまり今表示されているページ自身を指します。このオブジェクトに対して、やって欲しいことを記述するのが「メソッド」です。

命令の内容を示すメソッド

メソッド（Method）は「方法」などの意味がありますが、ここでは「命令」と考えると良いでしょう。先のオブジェクト（対象）に対して、「なにを」して欲しいのかを示します。

documentオブジェクトには、「write」というメソッドがあらかじめ準備されていて、これは「文書内に書き出す」つまり、「画面に表示する」というメソッドになります。後は、なにを表示して欲しいのかを「パラメーター」で示します。

命令の詳細を示すパラメーター

パラメーター（Parameter）は、「設定値」などの意味ですが、メソッドに対して細かい調整を加えていきます。たとえば「document.write」メソッドは、そのままでは「画面に表示したい」ということしか分からず、「なにを」という部分が足りません。これを、パラメーターで指定します。

パラメーターは、メソッドによって必要な内容や数が異なってきます。また、必ず指定しなければならないパラメーターもあれば、省略することができるパラメーターもあります。メソッドとセットで覚えていくようにしましょう。

つまり、さきほど登場したJavaScriptの書式は……

```
01 オブジェクト . メソッド (パラメーター)
```

次のような意味になります。

```
01 誰に . どうする ( なにを )
```

ということは、先ほど書いた以下のプログラムは……

```
01 document.write('20xx/1/23');
```

次のような意味になります。

```
01 文書に . 表示する ('20xx/1/23' を );
```

つまり「(Webブラウザーに表示されている) 文書に対し、「20xx/1/23と表示して欲しい」という命令になる訳です。このように、プログラミングとは、やりたいことを、JavaScriptという「プログラミング言語」に翻訳をして伝えるという作業になります。

そのため、まずはこのJavaScriptというプログラミング言語に、どのような単語（＝**オブジェクトやメソッド**）があり、どのような文法や使い方（＝**パラメーターやメソッドの組み合わせ方**）があるかを知って、操れるようにしなければならないという、外国語の勉強と似たような学習が必要となってきます。

最初のうちは、なかなか大変ですが、慣れるとWebブラウザーを自由に操れるようになり、非常に楽しいので、ぜひじっくりと取り組んでみてください。

document.writeメソッドのパラメーターに、HTMLタグを記述した場合でも正しくタグとして認識されます。

プログラムにメモを残せるコメント

「//」と記述した後の内容はJavaScriptの「**コメント**」となり、プログラムの動作には関係ない内容を残しておくことができます。

プログラムの後ろに記述することもできます。

```
01  document.write('20xx/1/23'); // あとで実際の日付に変える
```

また、複数行にわたったコメントを記述する場合は、代わりに「/* */」という記号を使うこともできます。

```
01  /*
02  今日の日付を
03  表示する
04  プログラム
05  */
06
07  // 日付を表示する
08  document.write('20xx/1/23'); // あとで実際の日付に変える
```

プログラムの内容を後で忘れないように、できるだけコメントを残していくと良いでしょう。

COLUMN

<script>要素の属性

<script>要素には、「type」属性と「language」属性があります。どちらも、どんなプログラム言語で記述するかを指定するもので、JavaScriptを記述する場合は、次のようにします。

```
01  <script type="text/javascript" language="javascript">
```

ただし、HTML5以降はどちらの属性も省略することができます（省略すると、JavaScriptが指定されたことになります）。JavaScript以外のプログラミング言語を指定する場合に、この属性で切り替えることができます。XHTMLでは「type」属性が必須だったため、今も指定されていることが多い属性です（指定されていても、もちろん問題はありません）。

計算をしてみる

さて、ここで少し脱線してみましょう。とはいえ、最後はこのChapterの冒頭で紹介した「日付を表示するプログラム」に戻りますので、安心してください。では、プログラムを次のように変更してみましょう。

MEMO

以降では、JavaScriptの動作を分かりやすくするために、<p class="date"></p>は消した状態で進めてください。

index.html

```
01  document.write('10+3');
```

これを実行すると、そのまま「10+3」と表示されます（**図5-1-4**）。これは、先ほどと同様で、document.writeメソッドに「10+3」という文字列（文章）を与えているので、そのまま表示されたというわけです。

TODAY

10+3

図5-1-4

次に、この前後にあるシングルクオーテーション（'）を取り除いてみましょう。

index.html

```
01  document.write(10+3);
```

すると、画面に表示される内容が変化し、「13」と表示されました（**図5-1-5**）。これは、10と3を加算した結果で、足し算が行なわれていることが分かります。

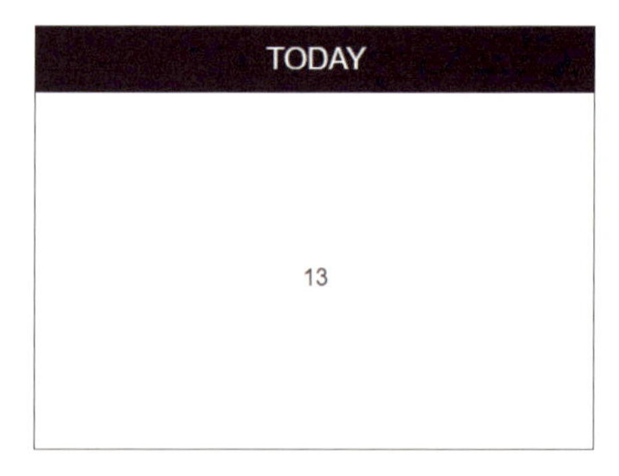

図5-1-5

JavaScriptは、足し算や引き算などの「四則演算」をすることができます。次のようにプログラムを変更しましょう。

index.html

```
01  document.write(10+3*2/10);  // 答えは 10.6
```

かけ算は「 * (アスタリスク)」、割り算は「 / (スラッシュ)」記号で表します。上の計算をやってみると分かるとおり、通常の計算と同様に演算子の優先順位も正しく行なわれます。つまり、10+3よりも先にかけ算や割り算である「3*2/10」で計算されて、0.6となり、そこに10を加えて10.6となっています。

足し算を先に行ないたい場合は、「( )」を使うのも通常の数学と同様です。

index.html

```
01  document.write((10+3)*2/10);    // 答えは 2.6
```

クオーテーション記号の役割

さて、ここで「'10+3'」とシングルクオーテーションを付加した場合と「10+3」とそのまま記述した場合で、「document.write」メソッドの動きが変わりました。これはなぜでしょうか？

クオーテーション記号には「文字列として扱う」という意味があります。つまり「10+3」は、文章としての「じゅうたすさん」であるため、そのまま画面に表示して欲しい場合は、前後に「'」を付加します。

これを付加しない場合は、JavaScriptは内容を理解してなんらかの処理を行なおうとします。これをプログラム用語で「評価」などと言います。ここでは、「10+3」を評価して「10に3を加える」という命令であると解釈し、その計算結果である「13」を表示したというわけです。

パラメーターの前後にクオーテーション記号を付加するかどうかは、このように「そのまま扱って欲しい（クオーテーション記号あり）」のか、それとも「評価して欲しい（クオーテーション記号なし）」なのかで違いがあるので気をつけましょう。

なお、先の「20xx/1/23」という文字列はクオーテーション記号なしで動作させることはできません。

悪い例）

```
01  document.write(20xx/1/23);
```

これは、JavaScriptエラーとなり画面にはなにも表示されなくなります。この場合、「/」を「割り算」として評価するのですが「20xx」が数字ではないため割り算が行えず、処理がストップした状態になります。

ややこしいのは、これがたとえば次のような場合…

悪い例）

```
01  document.write(2017/1/23);
```

この場合、計算が行えてしまうため、画面には「87.69565217391305」という計算結果が表示されてしまいます。

ちょっとした違いで、期待した動作とまったく変わってしまうことがあるので、JavaScriptを作る場合は記号1つ1つもしっかり確認しながら作っていきましょう。

COLUMN

シングルクオーテーションとダブルクオーテーション

パラメーターの前後のクオーテーション記号には、実はダブルクオーテーション（"）も利用することができます。

```
01    document.write("20xx/01/23");
```

この結果は、シングルクオーテーションの場合と変わりません。どちらの記号を使っても構いませんが、注意が必要なのは「クオーテーション記号の中で同じ記号を使わない」という点です。次のようなプログラムは、エラーになります。

```
01    document.write("今日は、"20xx/1/23"です");
```

ただし、記号が異なる場合は利用することができます。

```
01    document.write("今日は、'20xx/1/23'です");
```

そのため、基本はどちらの記号を使うかを決めておきながら、必要に応じて使い分けていくと良いでしょう。なお本書は、シングルクオーテーションを基本的に利用します。

文章をつなげる「文字列連結」

続いて、プログラムを次のように変更しましょう。

index.html

```
01    document.write('10+3の結果は、13です');
```

これはそのまま表示されます（**図5-1-6**）。ではたとえば、この「13」の部分を実際に計算で求めたい場合、どうしたらよいでしょう？

図5-1-6

たとえば次のように変更することができます。

index.html

```
01 document.write('10+3の結果は');
02 document.write(10+3);
03 document.write('です');
```

計算させたい箇所は、クオーテーションの外に記述しなければならないため、「document.write」メソッドを複数に分解します。しかし、これでは無駄が多いので、これを1行で表現しましょう。次のようになります。

index.html

```
01 document.write('10+3の結果は' + (10+3) + 'です');
```

クオーテーション記号が必要な文字列と、必要のない数式などをつなげるには「+」を使います。足し算の「＋」と非常にややこしいのですが、役割が少し異なっているので気をつけましょう。

ここでは「10+3の結果は」という文字列と「10+3」という演算、そして「です」という文字列をつなぐために、それぞれを「+」記号で連結しています。

COLUMN

10+3=103になる？

本文では「10+3」の前後に「()」があります。これがないと、どのような結果になるでしょうか？

```
01  document.write('10+3の結果は、' + 10+3 + 'です');
```

これは、「10+3の結果は、103です」となります（**図5-1-A**）。間違えていますね。これは「評価の順番」が期待通りではないためです。
文字列連結の「+」と、加算の「+」は同じ順位として扱われます。そのため、左から順番に評価されるのです。

TODAY

10+3の結果は、103です

図5-1-A

ここでは、最初に次の連結が行なわれます。

```
01  '10+3の結果は' + 10 // 10+3の結果は10
```

次に、それに「3」が連結されます。ただしこのとき、その前の「10」はもう数字ではなくなってしまっているため加算にはなりません。

```
01  '10+3の結果は10' + 3 // 10+3の結果は103
```

10+3の前後に「()」があれば、先に計算が評価されるため、正しく動作するというわけです。

計算結果を保持しておく ― 変数

前のSectionのプログラムは、「+」や「()」が入り乱れて、かなり分かりにくいプログラムになってしまいました。そこで、少し切り分けて分かりやすいように変えてみましょう。次のように変更します。

index.html

```
01  <script>
02  var answer = 10+3;
03  document.write('10+3の結果は' + answer + 'です');
04  </script>
```

結果はきちんと「13」と表示されていますね。ここで記述した「answer」は「変数」という、さまざまな値を保存しておくためのJavaScriptの機能の1つ。次のようにして内容をセットします。これをプログラミング用語で「代入」と言います。

```
01  var answer = 10+3;
```

「var」は「Variable（可変という意味）」の単語の略称で、変数を作る（=宣言するといいます）ときに記述します。続けて「変数名」とその最初の内容（初期値）を記述します。書式としては次の通りです。

変数の宣言と初期値の代入

```
01  var 変数名 = 最初の内容;
```

変数を宣言すると、それ以降はこの変数を使って、たとえば以下のように、画面表示などに使うことができます。

```
01  document.write(answer);
```

また、変数は「上書き」をすることもできます。次のように書き加えてみましょう。

```
01  <script>
02  var answer = 10+3;
03  document.write('10+3の結果は' + answer + 'です');
04  
05  answer = 10-3;
06  document.write('<br>10-3=' + answer);
07  </script>
```

おなじ「answer」という変数ですが、それぞれ違う値が表示されます（**図5-1-7**）。

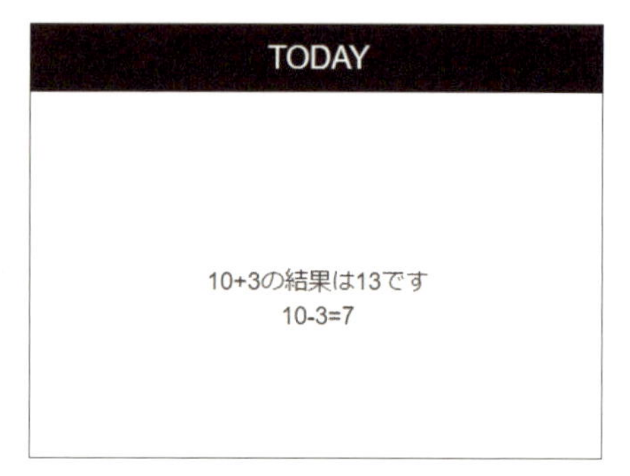

図5-1-7

さらに、変数を計算などの一部として使うこともでき、「再代入」することもできます。

先ほどのプログラムの下に追加してみましょう。

```
01  <script>
02  ...
03  document.write('<br>10-3=' + answer);
04  
05  answer = answer + 10; // 7 + 10
06  document.write('<br>7+10=' + answer);
07  </script>
```

引き算をしたときに「answer」は「7」が代入された状態になっています。そのため、「answer + 10」は「7 + 10」という計算と同じになります。この計算結果を、再び「answer」変数に代入しています。変数の内容は17になります。

少し不自然に見えますが、この「=」はあくまで「代入」という意味を持つ記号で等号ではないため、このような書き方もできるというわけです。

変数はさまざまな場面で活用されます。使い方をマスターしておきましょう。

COLUMN

変数名に使えるもの、使えないもの

変数名は、次のようなルールでつけることができます。

- 1文字目はアルファベットかアンダースコア（_）、ドル記号（$）
- 2文字目以降はそれに加えて数字も使える
- 大文字・小文字は利用できるが区別されるので「answer」と「Answer」は別の変数になる

日本語などは利用できないため、簡単な英単語や熟語で分かりやすい名前をつけると良いでしょう。

良い例）

```
01  sum
02  my_name
03  inTaxPrice
```

悪い例）

```
01  123
02  名前
```

COLUMN

変数の最初の代入を省略した場合

変数は、最初の代入を省略して宣言することもできます。

```
01    var answer;
```

この場合、「undefined」という特殊な値が代入されたことになります。後から必ず、なにかの値を代入するようにしましょう。

COLUMN

変数を計算する、さまざまな方法

変数の計算には、少し便利にするためのさまざまな方法があります。いくつか紹介しましょう。

再代入

本文にあるような次の演算は…

```
answer = answer + 10;
```

次のように記述することができます。

```
answer += 10;
```

「=」の前に「+」を記述することで、「今ある変数に計算をして、同じ変数に再代入する」という動作を行えます。それぞれの演算で可能です。

```
answer += 10;    // 加算
answer -= 10;    // 減算
answer *= 10;    // 乗算
answer /= 10;    // 除算
```

インクリメント・デクリメント

変数に1だけ加算したり減算してから、再代入する場合、

```
answer = answer + 1;
```

次のようにも記述できますが……

```
answer += 1;
```

もっと簡単に記述することができます。

```
answer++;
```

これを「インクリメント（Increment＝増加）」といい、反対に1ずつ減算する「デクリメント（Decrement）」もあります。

```
answer--;
```

なお、乗算と除算にはありません（計算しても意味がないため）。インクリメントとデクリメントはP.262で登場する「for構文」などでよく利用されます。

SECTION 02

今日の日付を取得して表示させよう

前のSectionで作ったファイルを元に、JavaScriptを作成して、「今日の日付」を表示させるプログラムを完成させます。閲覧者の環境によって異なる「今日の日付」をどのように取得すればよいのでしょうか。JavaScriptが持っている機能を使えば、簡単に表示できます。

日時を扱う ── Dateオブジェクト

いよいよ、今日の日付を表示させてみましょう。ここまで<script>要素に書いていたプログラムを削除して、次のように変更しましょう。

index.html

```
01  <script>
02  var today = new Date();
03  document.write('<p>今日は ' + today.getDate() + ' 日です</p>');
04  </script>
```

このプログラムを実行すると、**図5-2-1**のように実行した日の日付が表示されます。1つずつみていきましょう。使ったのは、今日の日付を知るためのメソッドである「getDate」メソッドです。

MEMO

実際に表示される数字は、実行した日によって異なります。

TODAY

今日は12日です

図5-2-1

```
01  today.getDate();
```

これは、Dateオブジェクトのメソッドです。しかし、Section 01で学んだことを思い出すと、次のような記述をすべきだと思うかもしれませんね。

```
01  Date.getDate();
```

しかし実際には「Date」ではなく、「today」という「変数」が使われています。これはどういうことでしょうか。次の記述を見てみましょう。

```
01  var today = new Date();
```

変数「today」に「new Date ()」という記述を代入しているように見えますが、この「new」という記述がある場合はP.191で紹介した代入とは少し役割が異なります。

ここでは、「Dateオブジェクトのインスタンスを作る」という作業をしています。なぜなら、Dateオブジェクトはそのままでは利用できず、インスタンスにしなければいけないのです。Instanceは「実体」といった意味で、ここでは「Dateオブジェクトの役割を持った、今現在の日時を持った実体を作る」ということになります。その実体に、「today」という名前を付けています。

インスタンスにしなければならないのは、少し面倒に感じますが、半面日付を変えていくつも作れるというメリットもあります。少し、プログラムを変更してみましょう。

index.html

```
01  var today = new Date();
02  var newYear = new Date(2017, 1, 1);
03
04  document.write('<p>今日は' + today.getDate() + '日です</p>');
05  document.write('<p>元旦は' + newYear.getDate() + '日です</p>');
```

このプログラムでは、同じ「getDate」メソッドを使っても、違う日付が表示されます（**図5-2-2**）。（もしこの書籍を読んでいる日が、たまたま1日だった場合は同じ日付が表示されてしまいますが……。）

todayとnewYearというインスタンスは、同じDateオブジェクトを「元」にしているものの、それをインスタンスにするときに、パラメーターとして違う日付が与えられているために、メソッドの結果なども異なったものになるというわけです。そして、このように、パラメーターを変えることで違った結果を出す役目を担うのが「コンストラクター」という特別なメソッドです。

TODAY

今日は12日です

元旦は1日です

図5-2-2

コンストラクターは、オブジェクトをインスタンス化するときに動作するメソッドです。「new date ()」としてインスタンスを作るときに、カッコ内にパラメーターを指定してコンストラクターに渡すことができます。たとえば、Dateオブジェクトでは「いつの日付でインスタンス化するか」を指定できます。

```
01  var インスタンス名 = new Date();   // 今現在
02  var インスタンス名 = new Date( 年 , 月 , 日 , 時 , 分 , 秒 );   // 任意の日時
03  var インスタンス名 = new Date( 日付文字列 );  // 'December 17, 1995 03:24:00' など
```

なお、オブジェクトは必ずインスタンスを作って使うとは限りません。Section 01で「document」オブジェクトを使いましたが、ここでは、特にインスタンスにするプログラムなどはありませんでした。また、たとえば数学の計算を行なう「Math」というオブジェクトの場合も、インスタンス化せずに次のように直接利用することができます。

例）

```
01  Math.abs(-10);  // 絶対値を求めます (=10)
```

オブジェクトによって、扱い方が異なりますので気をつけましょう。

COLUMN キャメル式記述

本文で、新年のDateオブジェクトのインスタンスに「newYear」というインスタンス名を使いました。
変数名やインスタンス名を付けるとき、「today」など1つの単語だけであればそのまま記述しますが「new」と「year」など、複数の単語を組み合わせるときは組み合わせ方にさまざまな方法があります。

- アンダースコア　new_year
- ハイフン　new-year
- 全部つなげる　newyear
- 1文字目も大文字　NewYear

ただ、これらの場合アンダースコアやハイフンなどの記号を打ち込むのが面倒であったり、1文字目を大文字にする場合は「Today」などと、毎回「Shift」キーを押して、大文字にしなければなりません。かといって、全部小文字では単語の区切りが分かりにくくなってしまいます。
そこで、よく利用されるのが「キャメル式」です。Camelは「ラクダ」の意味で、ラクダの「こぶ」のように所々が出っ張る（＝大文字になる）ことから、こう呼ばれます。

キャメル式は次のようにして作ります。

- **1文字目は小文字とする**
- **複数の単語を組み合わせる場合、2つ目の単語以降の先頭を大文字にする**

たとえば、「My First HTML Lesson」をこの方式で変数名にするなら、次のようになります。

- myFirstHtmlLesson

この方式の場合、単語の区切りがそれなりに分かりやすい上、「Shift」キーを押す回数が減ります。1単語の場合は全部小文字でも不自然さがありません。
「たかがShiftキー1回分」ではありますが、膨大なプログラムを記述する場合には、大きな省力化につながるのです。

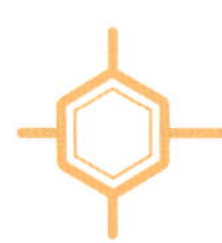

日付を表示するプログラムを完成させよう

いよいよ、このプログラムを完成できるようになりました。Dateオブジェクトのメソッドを使って、文字列連結で完成プログラムを作成していきましょう。次のようにプログラムを変更します。

index.html

```
01  <script>
02  var today = new Date();
03  var todayHtml = today.getFullYear() + '/' + (today.getMonth()+1) + '/' +
    today.getDate();
04
05  document.write('<p class="date">' + todayHtml + '</p>');
06  </script>
```

順に見ていきましょう。Dateオブジェクトのインスタンス「today」を作った後、次のようなメソッドを使って日付の文字列を作成しています。

Date.getFullYear

年を4桁で取得します（例：2017）。

Date.getMonth

月を取得します。ただし、取得する数字は0から始まってしまうため（0が1月を意味する）、目的の数字にするには1を加える必要があります。

Date.getDate

日付を取得します。

これをそれぞれ、「/（スラッシュ）」で区切って、いったん「today_html」という変数に代入しました。

```
01    var todayHtml = today.getFullYear() + '/' + (today.getMonth()+1) + '/' +
      today.getDate();
```

後は、この変数を使って、画面にHTMLを出力します。

```
01    document.write('<p class="date">' + todayHtml + '</p>');
```

これで、今日の日付を確認できるアプリができあがりました。毎日起動すると、そのつど日付が変化していることが分かります（**図5-2-3**）。

ただし、たとえば23:59:50にこのサイトを表示した後、そのまま日が変わったとしても、画面上は変化しません。あくまで、「表示した瞬間」の日付しか表示されないのです。これを自動で更新できるようにするには、Chapter 6の「タイマー」を組み合わせることになります。

TODAY

2017/1/13

図5-2-3

CHAPTER

6

イベントドリブンのきほんを学ぼう

～DOMを使って ストップウォッチを作る

このChapterでは、ボタンを押すと自動で秒数が増えていくタイマーアプリを作成します。HTMLをJavaScriptから書き換えたり、ユーザーの動作をきっかけにプログラムを動かしたりといったことを行なっていきます。少しずつプログラムを代えながら作っていきますので、本と一緒に書き換えながら読み進めてください。

00:00:00

START

00:00:17

STOP

SECTION 01

JavaScriptで要素を取得して、内容を書き換えよう

Chapter 6ではタイマーアプリを作っていきます。まずこのSection 01では、ベースのHTML、CSSを作り、時刻の表示を変更していくためにDOMを使ってHTMLを書き換える操作を行ってみます。

サンプルの完成形を確認する

Chapter 6は、Chapter 5と似ていますが、少し違ったプログラムを作成してみましょう。まずは、完成プログラムを確認してみてください（**図6-1-1**、**図6-1-2**）。

「START」ボタンをタップすると、カウントアップが始まっていきます。「START」ボタンは、「STOP」ボタンに代わり、このボタンをクリックすることでカウントアップが止まるというタイマープログラムです。早速作っていきましょう。

図6-1-1

図6-1-2

HTMLとCSSを準備しよう

まずは、いつも通りHTMLとCSSを準備していきます。Bootstrapをロードする部分は、Chapter 4、5のサンプルファイルや、Bootstrapのダウンロードページ（P.141）からコピーすると良いでしょう。

index.html

```
01 <!DOCTYPE html>
02 <html lang="ja">
03 <head>
04   <meta charset="UTF-8">
05   <meta name="viewport" content="width=device-width">
06 
07   <title>TIMER</title>
08 
09   <!-- Latest compiled and minified CSS -->
10   <link rel="stylesheet" href="https://maxcdn.bootstrapcdn.com/
   bootstrap/3.3.7/css/bootstrap.min.css" integrity="sha384-BVYiiSIFeK1dGmJRAkycu
   HAHRg32OmUcww7on3RYdg4Va+PmSTsz/K68vbdEjh4u" crossorigin="anonymous">
11 
12   <!-- Optional theme -->
13   <link rel="stylesheet" href="https://maxcdn.bootstrapcdn.com/
   bootstrap/3.3.7/css/bootstrap-theme.min.css" integrity="sha384-rHyoN1iRsVXV4nD
   0JutlnGaslCJuC7uwjduW9SVrLvRYooPp2bWYgmgJQIXwl/Sp" crossorigin="anonymous">
14 
15   <link rel="stylesheet" href="css/style.css">
16 </head>
17 
18 <body>
19   <div class="container">
20     <p id="timer">00:00:00</p>
21 
22     <div>
23       <button id="start_stop" class="btn btn-lg btn-primary">START</button>
24     </div>
25   </div>
```

▶次ページに続く

```
26  </body>
27  </html>
```

style.css

```
01  .container {
02    text-align: center; /* 全体を中央揃えに */
03    max-width: 600px;   /* 最大幅を 600px に */
04    margin: 30px auto;  /* 上下に 30px の余白を付け、中央揃えに */
05  }
06
07  #timer {
08    font-size: 36px;    /* 文字サイズを 36px に */
09    border: 1px solid #ccc; /* グレーの枠線を引く */
10    margin: 30px auto;  /* 上下に 30px の余白を付け、中央揃えに */
11    padding: 50px;  /* 要素内余白を 50px に */
12    background-color: #000; /* 背景色を黒に */
13    color: #fff;    /* 文字色を白に */
14    border-radius: 3px; /* 枠線を角丸に */
15    box-shadow: 1px 1px 3px rgba(0, 0, 0, .5);  /* ドロップシャドーをつける */
16  }
17
18  .btn {
19    width: 100%;    /* 幅を 100% に */
20  }
```

これで画面を表示すると、**図6-1-3**のような画面が表示されます。

ボタンには、特にCSSを記述していませんが、ボタンらしいスタイルが付加されています。これは、Bootstrapで、標準で用意されているスタイルです。

図6-1-3

これを使うために次のようなclass属性を付加しています。

```
01  class="btn btn-primary"
```

「btn」というクラスはボタンの要素に必須のクラス名で、「btn-primary」というクラスで見た目や色などが決まります。

Bootstrapの場合、「btn-primary」のボタンは青になり、他に右表のようなクラスが準備されています（図6-1-4）。

クラス	表示
btn-default	白
btn-primary	青
btn-success	緑
btn-info	水色
btn-warning	オレンジ
btn-danger	赤
btn-link	テキストリンクの見た目

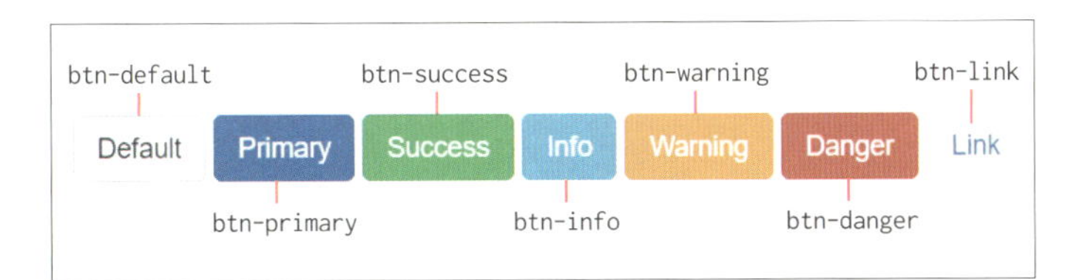

図6-1-4

また、ボタンの大きさを変更することもできます。「btn-lg」なら大きく、「btn-sm」なら小さくなり、なにも付加しなければ、標準の大きさになります。

クラス	表示
btn-lg	大きいボタン
btn-sm	小さいボタン

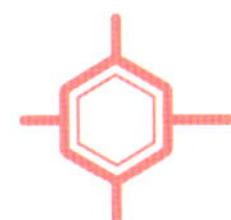

要素内にテキストを挿入する — DOM操作

では、JavaScriptを作成していきましょう。Chapter 5のプログラムと同じように、HTMLで表示していた時刻部分をJavaScriptで作成してみます。Chapter 5と同じように「document.write」メソッドを利用すると、どうなるでしょうか。次のように、「<p id="timer">00:00:00</p>」部分を変更してみましょう。

index.html

```
01  <div class="container">
02    <script>
03      document.write('<p id="timer">00:00:00</p>');
04    </script>
05
06    <div>
07    ...
```

これを実行すると、見た目は**図6-1-2**と変わりませんが、正しく動作します。ただし、この後プログラムを作っていくと困ったことが起こります。たとえば、1秒経過したときの表示を、再度「document.write」メソッドで書くとすると、次のように「document.write」メソッドを複数回書くことになります。

index.html

```
01  <div class="container">
02    <script>
03      document.write('<p id="timer">00:00:00</p>');
04      document.write('<p id="timer">00:01:00</p>');
05    </script>
06
07    <div>
08    ...
```

すると、**図6-1-5**のように時刻表示部分が2行になってしまいます。「document.write」メソッドは「画面に表示する」ことはできますが、一度表示してしまった内容は消すことができません。そのため、どんどん行が追加されてしまうのです。

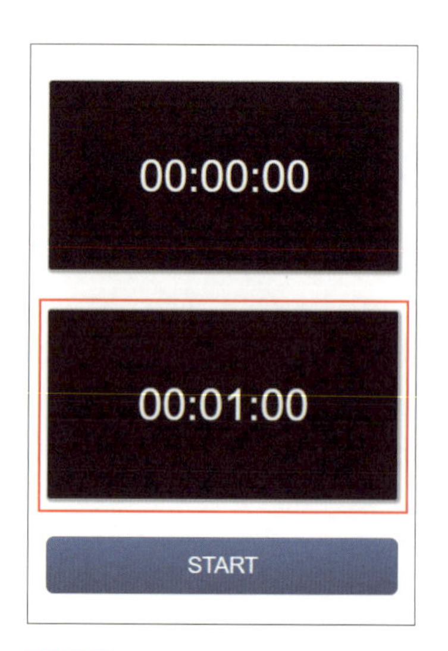

図6-1-5

完成プログラムのように、時刻表示の内容を書き換えていくにはどうしたらよいでしょうか？　それにはDOM（ドム）を使います。

DOM（Document Object Model）とは、HTMLの要素をプログラムの対象（＝オブジェクト）として扱うための手段で、API（Application Programing Interface）と呼ばれるものの一種です。具体例で紹介していきましょう。

ここでは、「document.getElementById」メソッドを使います。

HTMLを元に戻して、代わりに次のようなプログラムを作ります。

index.html

```
01  <div class="container">
02    <p id="timer">00:00:00</p>
03
04    <script>
05      document.getElementById('timer').innerHTML = '00:01:00';
06    </script>
07    <div>
08    ...
```

この画面を表示すると、「00:00:00」が消えて「00:01:00」に変わります（**図6-1-6**）。

図6-1-6

なお、ここで<script>要素を<body>要素の一番最後に移動しておきましょう。document.writeメソッドを利用する場合以外は、<script>要素は必ず<body>要素の最後か、<head>要素内に記述します。

index.html

```
01    </div>
02
03    <script>
04      document.getElementById('timer').innerHTML = '00:01:00';
05    </script>
06  </body>
```

Chapter 1
Chapter 2
Chapter 3
Chapter 4
Chapter 5
Chapter 6
Chapter 7
Appendix

id属性を元に要素を取得する — getElementById

document.getElementByIdメソッドは、パラメーターにHTMLの要素のid属性を指定することで、HTML内の要素を取得するためのものです。

Chapter 2で紹介したとおり、id属性とは「グローバル属性」であるため、ほぼすべての要素に付加することができ、またページ内には同じidの要素がないルールになるため、このメソッドでidを指定すればページ内の要素を特定することができるというわけです（そのため、idを同ページ内で重複させないように注意しましょう）。ここでは、「00:00:00」と記述された<p>要素が取得（選択）されました。

MEMO
「グローバル属性」は、P.046で登場しています。

DOMでHTML内の要素を取得すると、それに対してメソッドなどが使えるようになります。たとえば、次のように記述すると画面上から要素が消えます。プログラムを書き換えてみましょう。

index.html

```
01  <script>
02    document.getElementById('timer').remove();
03  </script>
```

removeメソッドは、要素を削除するメソッドです。表示すると、時刻部分が消えています（**図6-1-7**）。

動きを確認したら、プログラムは元に戻しておきましょう。

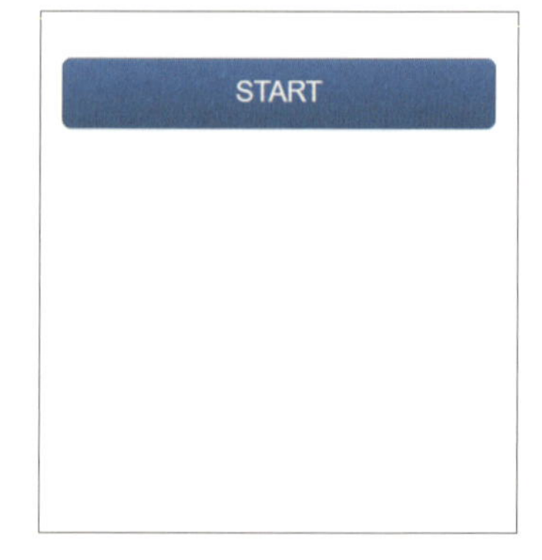

図6-1-7

COLUMN

その他の要素取得メソッド

要素の取得には「document.getElementById」メソッド以外にも、いくつかの手段があります。紹介しましょう。

getElementsByClassName

class属性を使って要素を取得します。注意したいのは「Elements」と複数形になっている点。class属性は、ページ内に複数存在するため、複数の要素が取得されます。後述する「配列」(P.254)の形で取得されるため、注意しましょう。

getElementsByName

name属性を使って要素を取得します。フォームの要素を取得するときなどに利用できます。

getElementsByTagName

タグ名を使って要素を取得します。

内容を書き換える ― innerHTML

では、取得した要素の内容を書き換えるにはどうしたら良いでしょう？プログラムを見ると、これまで登場した「document.write」メソッドなどとは少し書き方が違います。

```
01  document.getElementById('timer').innerHTML = '00:01:00';
```

まるで、変数を扱うように値を代入しています。

「document.write」と同じように「.」でつなげて表記していますが、実は「innerHTML」はメソッドではなくて「プロパティ」と言います。

Chapter 5-1では、対象となるオブジェクトに命令をするのが「メソッド」と説明しましたが、オブジェクトには、「メソッド」と「プロパティ」という2つの操作手段があるのです。プロパティ（Property）には「性質」などの意味があり、メソッドが「動作」を表わして、プロパティが「見た目」を表わすと考えると分かりやすいでしょう。

ここでは、document.getElementByIdで取得した要素（オブジェクト）に対して、「要素内に表示される文字」という「見た目」を変更するため、「innerHTML」というプロパティを操作しているというわけです。ここに値を代入することで、内容を書き換えることができます。つまり、先の

```
01  document.getElementById('timer').innerHTML = '00:01:00';
```

は、

```
01  「timer」というid属性が付いている要素の . 内容を書き換える = '00:01:00'に ;
```

という意味になります。

この場合、代入しても要素が増えることはなく、内容を次々に書き換えることができます。次のように追加してみましょう。

index.html

```
01  <script>
02    document.getElementById('timer').innerHTML = '00:01:00';
03    document.getElementById('timer').innerHTML = '00:02:00';
04    document.getElementById('timer').innerHTML = '00:03:00';
05    document.getElementById('timer').innerHTML = '00:04:00';
06    document.getElementById('timer').innerHTML = '00:05:00';
07  </script>
```

Webブラウザーで表示してみると、処理速度が速すぎて、変化はほとんど分かりませんが、要素が増え続けないことが分かります（**図6-1-8**）。

図6-1-8

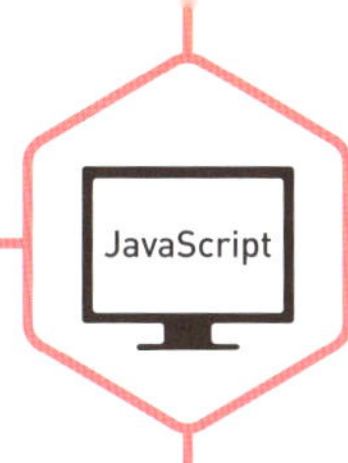

SECTION 02

if構文やファンクションを使いこなそう

Section 01で作ったプログラムを調整していきます。ifという構文を使って、取得した秒が1桁だったときに、頭に「0」をつけて2桁にする処理を作ってみます。また、同じような処理が繰り返し登場した場合は、ファンクションを使ってまとめると便利です。どちらもプログラミングでよく使う処理です。

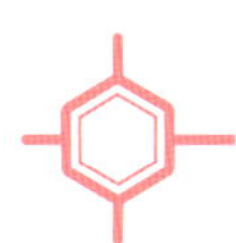

「もしも」で処理を分ける ― if構文

少しプログラムを変えてみましょう。<script>要素のプログラムを次のように変更します。

index.html

```
01 <script>
02   var now = new Date();    // Dateオブジェクトのインスタンスを作る
03   var seconds = now.getSeconds(); // 秒を取得する
04   document.getElementById('timer').innerHTML = seconds;
05 </script>
```

このプログラムを実行すると、画面には0から59で現在の「秒」を表示することができます（**図6-2-1**）。

何度も画面を再読み込みすると、そのつど表示される内容が変わります。「getSeconds」メソッドは現在の秒を取得できる、Dateオブジェクトのメソッドです。

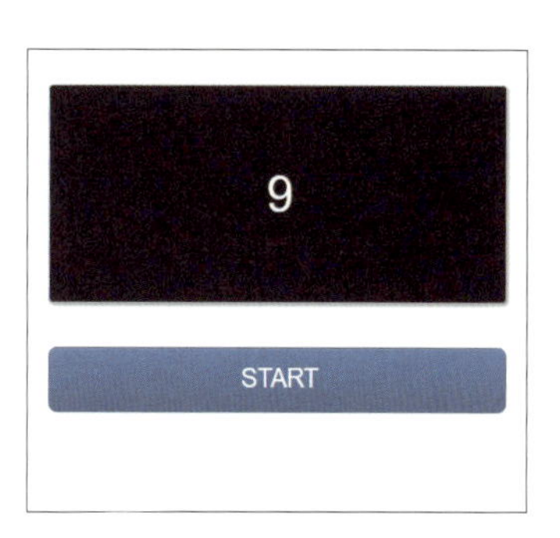

図6-2-1

このとき、画面には1桁の数字（0-9）か、2桁の数字（10-59）が表示されます。これを、常に2桁（00-09および10-99）にするにはどうしたらよいでしょう？　この場合、プログラムの作りとしては次のように考えられます。

『もし、現在の秒が1桁（＝10未満）なら、数字の前に0を付け足す』

この「もし」を実現できるのが「if構文」です。次のように記述します。

index.html

```
01  <script>
02  var now = new Date();   // Date オブジェクトのインスタンスを作る
03  var seconds = now.getSeconds(); // 秒を取得する
04  
05  if (seconds < 10) {
06    seconds = '0' + seconds;
07  }
08  
09  document.getElementById('timer').innerHTML = seconds;
```

こうすると、1桁の場合には、「01」「02」といった具合に、2桁になって表示されます（**図6-2-2**）。

図6-2-2

if構文は、次のように使います。

if構文の書式

```
01  if ( 条件文 ) {
02    条件文が true（YES）の場合の処理
03  }
```

ifの後の「( )」の中に書かれた条件文が満たされているかを判断し、満たされている場合は「( )」の中の処理を行ない、満たされなければ「( )」

の中は飛ばされます（処理は行なわれません）。

上のサンプルでは、次のような条件文が書かれています。

```
01    seconds < 10
```

secondsは、「現在の秒」を代入した変数です。これが「10未満」であるかを判断するため、「< 10」という記述があります。つまり、「現在の秒が10未満なら」という意味になります。この「<」という記号を「比較演算子」と言います。

他に、次のような記号があります。

比較演算子を使った例	意味
A > B	AがBより大きい
A >= B	AがB以上
A === B	AとBが等しい
A <= B	AがB以下
A < B	AがBより小さい（未満）
A !== B	AとBが等しくない

これらの記号を使って条件文を作成します。ここでは、seconds（現在の秒）が10未満だったときは、「true（満たされた）」となり、次のようにしてsecondsの頭に0を連結しています。

```
01    seconds = '0' + seconds;
```

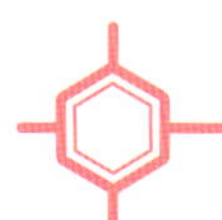

よく使う処理をまとめておく ── function

次に、「時」や「分」も同じように表示してみましょう。次のようにプログラムを変更します。

index.html

```
01  var now = new Date();    // Date オブジェクトのインスタンスを作る
02  var seconds = now.getSeconds(); // 秒を取得する
03  
04  if (seconds < 10) {
05    seconds = '0' + seconds;
06  }
07  
08  // ここから追加・変更
09  var minutes = now.getMinutes(); // 分を取得する
10  
11  if (minutes < 10) {
12    minutes = '0' + minutes;
13  }
14  
15  var hours = now.getHours(); // 時を取得する
16  
17  if (hours < 10) {
18    hours = '0' + hours;
19  }
20  
21  document.getElementById('timer').innerHTML = hours + ':' + minutes + ':' +
    seconds;
```

これを実行すると、**図6-2-3**のように現在の時刻が表示されます。

図6-2-3

秒と同じように、「getMinutes」メソッドで分を、「getHours」メソッドで時を取得し、1桁の場合に「0」を付け足して、全体を「:」でつないで文字列連結して表示しています。

しかしよく見ると、このプログラムには次のようなプログラムが何度も登場します。

```
01  if (xxx < 10) {
02    xxx = '0' + xxx;
03  }
```

同じようなプログラムが何度も登場するのは効率が悪いので、これを1箇所にまとめたくなります。このようなときに使えるのが「ファンクション」です。ファンクション（Function）は「機能」といった意味がありますが、プログラミング用語では「関数」などと呼ぶ場合もあります。

プログラムの冒頭に次のようにファンクションを追加しましょう。

index.html

```
01  <script>
02  // ゼロを追加する
03  var addZero = function(value) {
04    if (value < 10) {
05      value = '0' + value;
06    }
07    return value;
08  };
09
10  var now = new Date();    // Date オブジェクトのインスタンスを作る
11  var seconds = now.getSeconds(); // 秒を取得する
12  ...
```

このようにファンクションを記述すると、秒や分、時のプログラムのif構文の部分では、ファンクションを呼び出して使う形に変更することができます。次のように変更してみましょう。

index.html

```
01  ...
02  var now = new Date();    // Date オブジェクトのインスタンスを作る
03  var seconds = now.getSeconds(); // 秒を取得する
04  seconds = addZero(seconds); // addZero ファンクションを利用
05
06  var minutes = now.getMinutes(); // 分を取得する
07  minutes = addZero(minutes); // addZero ファンクションを利用
08
09  var hours = now.getHours(); // 時を取得する
10  hours = addZero(hours); // addZero ファンクションを利用
```

▶次ページに続く

```
11
12    document.getElementById('timer').innerHTML = hours + ':' + minutes + ':' +
      seconds;
```

非常にスッキリしたプログラムになりました。まとめたい処理に名前をつけてファンクションにしたことで、その名前を呼び出すだけで何度でも同じ処理を行えるというわけです（**図6-2-4**）。

図6-2-4

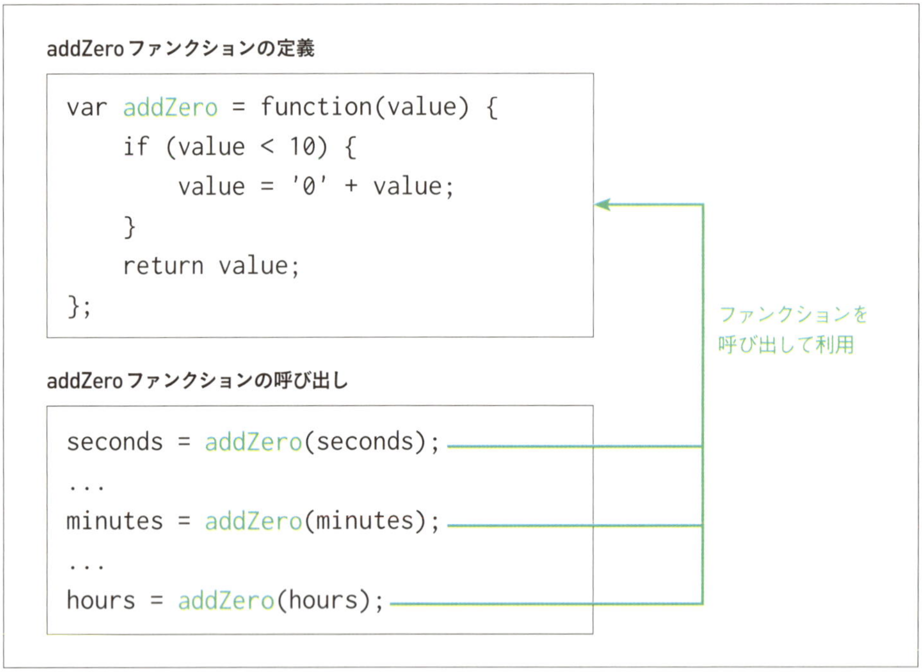

addZeroファンクションの定義

```
var addZero = function(value) {
    if (value < 10) {
        value = '0' + value;
    }
    return value;
};
```

addZeroファンクションの呼び出し

```
seconds = addZero(seconds);
...
minutes = addZero(minutes);
...
hours = addZero(hours);
```

ファンクションを
呼び出して利用

もう少し詳しくみていきましょう。
ファンクション定義の書き方は次のようになります。

ファンクション定義の書式

```
01    var ファンクション名 = function( パラメーター , パラメーター2, ...) {
02      ファンクションで行なう処理
03
04      return 返却する値
05    };
```

先のサンプルでは、addZeroというファンクションを定義しました。このとき、受け取るパラメーターも定義することができ、パラメーター名を記述すればそのままファンクション内で変数として扱うことができます。たとえば先のサンプルでは「value」という「0を付け足す対象となる数字」をパラメーターとして定義しました。そしてファンクションを呼び出すときにもパラメーターを指定すれば、valueとしてファンクション内で使用されます(図6-2-5)。

addZeroファンクションの定義

```
01  var addZero = function(value) {
02    if (value < 10) {
03      value = '0' + value;
04      ...
```

addZeroファンクションの呼び出し

```
01  seconds = addZero(seconds); //seconds（秒）をパラメーターとして指定
```

addZeroファンクションの定義
var addZero = function(value) {
if (value < 10) {
...
seconds（取得した現在の秒）を渡す
addZeroファンクションの呼び出し
seconds = addZero(seconds); //seconds（秒）をパラメーターとして指定

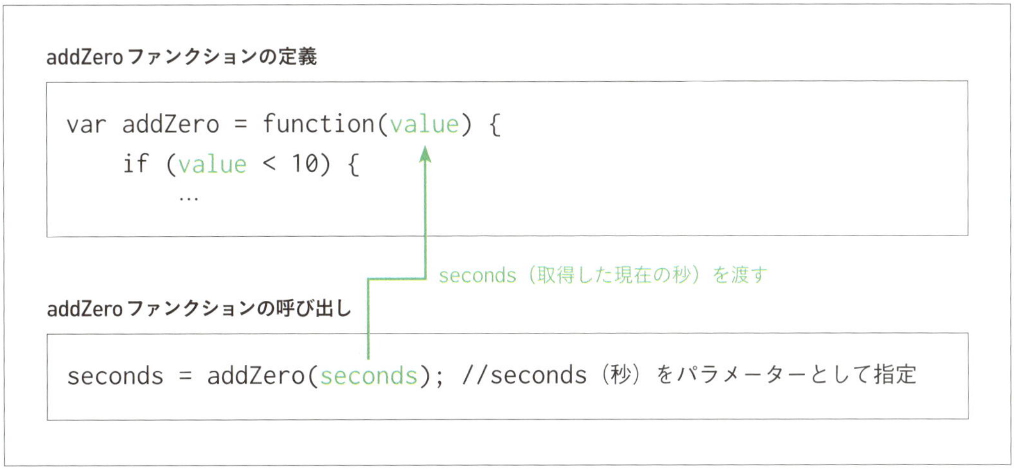

図6-2-5

そして、10未満であるかの判断とその場合に「0」を付加する処理を行なった後、次のようにその値を返却しています。

addZeroファンクションの定義

```
01    ...
02    if (value < 10) {
03      value = '0' + value;
04    }
05    return value;
06  };
```

ファンクションの定義で、**return**の後には、そのファンクションで行なった**処理の結果**を記述します。そしてファンクションを呼び出すことで、処理した結果を「**返り値**」として得ることができるようになるのです。そしてファンクションを呼び出すときは、次のように変数に結果を代入することなどができます（**図6-2-6**）。

addZeroファンクションの呼び出し

```
01  seconds = addZero(seconds); //addZeroファンクションで計算された結果が代入される
```

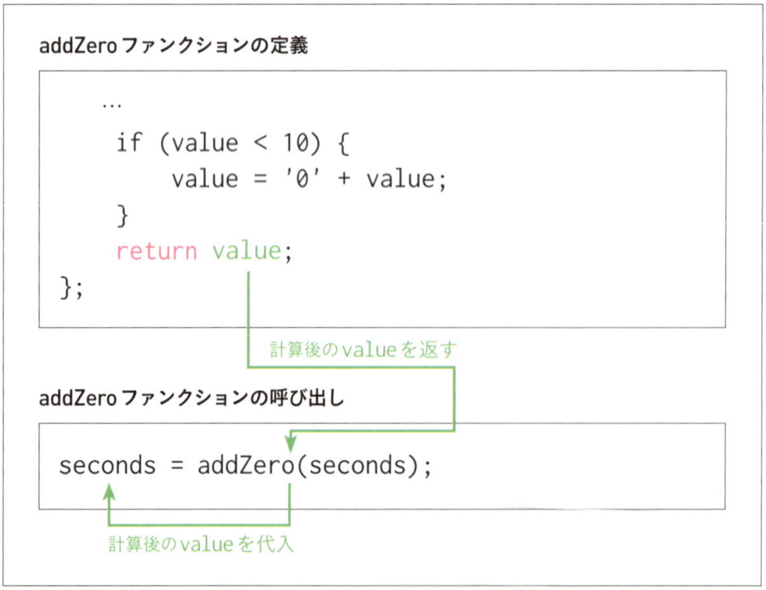

addZeroファンクションの定義

```
    ...
    if (value < 10) {
        value = '0' + value;
    }
    return value;
};
```

計算後のvalueを返す

addZeroファンクションの呼び出し

```
seconds = addZero(seconds);
```

計算後のvalueを代入

図6-2-6

何度も利用する処理などを作るときは、ファンクションにしていくと良いでしょう。

COLUMN

パラメーターや返り値がない場合、複数ある場合

パラメーターや返り値は省略することもできます。たとえば、次の例は呼び出すと現在の秒を画面に表示するだけのファンクションです。

addZeroファンクションの呼び出し

```
01 var outputSeconds = function() {
02   var now = new Date();
03   document.write(now.getSeconds());
04 };
```

利用する場合は、次のように呼び出します。

ファンクションの呼び出し

```
01 outputSeconds();
```

これで画面上に秒が表示されます。パラメーターも返却値もないファンクションも、こうして作ることができます。

また、逆にパラメーターが複数ある場合は、並べて指定します。
たとえば、2つの値を受け取って足し算をした結果を返却するファンクションを作るなら、次のようになります。

ファンクションの定義

```
01 var addition = function(a, b) {
02   return a + b;
03 };
```

利用するときは次のように使います。

ファンクションの呼び出し

```
01 document.write(addition(1, 2));
```

ファンクションの呼び出しでパラメーターの数が足りない場合でも、足りないことではエラーとはなりません。

```
01 document.write(addition(1));
```

▶次ページに続く

ただしこの場合、計算は正しく行なわれないため、画面には「NaN」と表示されます。これは「Not a Number」の略称で、「数字ではないもので計算しようとした」というエラーになります。
パラメーターを省略した場合、そのパラメータの値は「NaN」という特別な値になります。この場合、「b」というパラメーターがNaNとなってしまったため、次の計算式も正しく行えなくなります。

```
01  1 + NaN
```

そのため、計算結果もNaNとなったというわけです。

なお、返り値を複数指定することはできません。ファンクションの作りを見直すか、必要な場合は「配列」（P.254参照）や「グローバル変数」（P.233参照）といったテクニックを使うことになります。

COLUMN

ファンクション定義のその他の書き方

ファンクション定義の書き方は、本文で紹介した方法以外にもあります。本文で紹介した「addZero」を例に紹介しましょう。

ファンクションの定義

```
01 function addZero(value) {
02   if (value < 10) {
03     value = '0' + value;
04   }
05   return value;
06 }
```

大きな違いはありませんが、ファンクションの1行目が少し変わって、シンプルな書き方になっています。ただし、JavaScriptのその他の構文とはかなり異なっています。このような書き方を「関数宣言」などと呼んだりしますが、もともとはJavaScript以外のプログラミング言語などで採用されていた書き方を継承したものです。

大きな違いはありませんが、一般的には本文で紹介した書き方で作られることが多いです。

「イベント」に反応するプログラムにしよう

SECTION 03

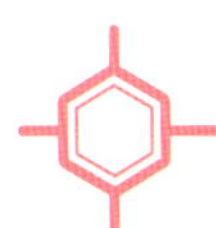

続いて、ユーザーがボタンをクリックしたときに動作するプログラムに書き換えていきます。ユーザーが何かしらの動作を行なったときにプログラムを動かすことを「イベントドリブン」と言いますが、インタラクティブなWebサイトを作る上では重要な仕組みです。少しプログラムが難しくなってきますが、がんばってついてきてください。

ユーザーの操作に反応させる ― イベントドリブン

ここまでは、いずれも画面を表示したらすぐに動くプログラムを作成してきました。しかし、このタイミングで実行されるプログラムだけでは、作れるプログラムの種類にも限りがあります。そこで利用するのが「イベント」です。プログラムを次のように変更してみましょう。

index.html

```
01  // ゼロを追加する
02  var addZero = function(value) {
03    if (value < 10) {
04      value = '0' + value;
05    }
06    return value;
07  };
08
09  document.getElementById('start_stop').addEventListener('click', function() {
10    var now = new Date();    // Date オブジェクトのインスタンスを作る
11    var seconds = now.getSeconds(); // 秒を取得する
12    seconds = addZero(seconds); // addZero ファンクションを利用
13
```

▶次ページに続く

```
14    var minutes = now.getMinutes(); // 分を取得する
15    minutes = addZero(minutes); // addZero ファンクションを利用
16
17    var hours = now.getHours(); // 時を取得する
18    hours = addZero(hours); // addZero ファンクションを利用
19
20    document.getElementById('timer').innerHTML = hours + ':' + minutes + ':' +
  seconds;
21  });
```

追加したのは2行だけですが、非常に複雑なプログラムになってきました。このプログラムをWebブラウザーで表示させると、**図6-3-1**のように「00:00:00」と表示されています。

「START」ボタンをクリックすると、初めて現在時刻が表示されます（**図6-3-2**）。ボタンを何度もクリックすると、そのときの時間に応じて画面が変化します。

図6-3-1

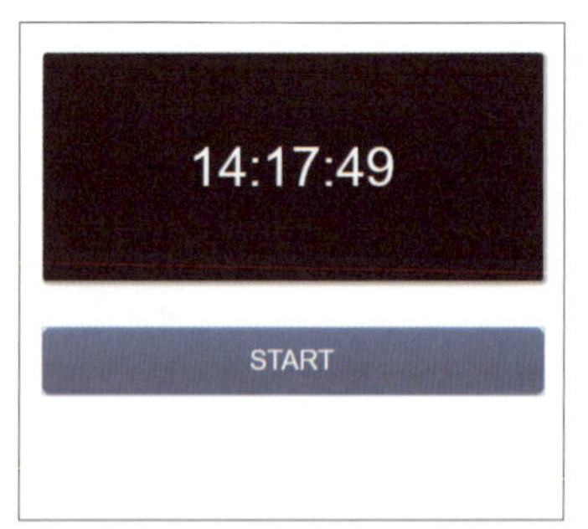

図6-3-2

MEMO

うまく動作しない場合、<script>タグが、<body>タグの最後にあるかを確認しましょう。ボタンよりも先にプログラムがあると、正しく動作しません。

このように、「ユーザーがクリックした」などの動作を「イベント」と言います。このイベントに対してJavaScriptが反応し、はじめてプログラムが動作したというわけです。

プログラムの内容を、少しずつ見ていきましょう。

イベントを定義する ── addEventListener

「addEventListener」というメソッドは、ユーザーの操作（＝Event）の監視役（Listener）を定義します。次のような書式で定義します。

イベントの定義

```
01  要素 .addEventListener( イベントの種類 , 処理 );
```

先に書いたプログラムと比較すると**図6-3-3**のようになります。

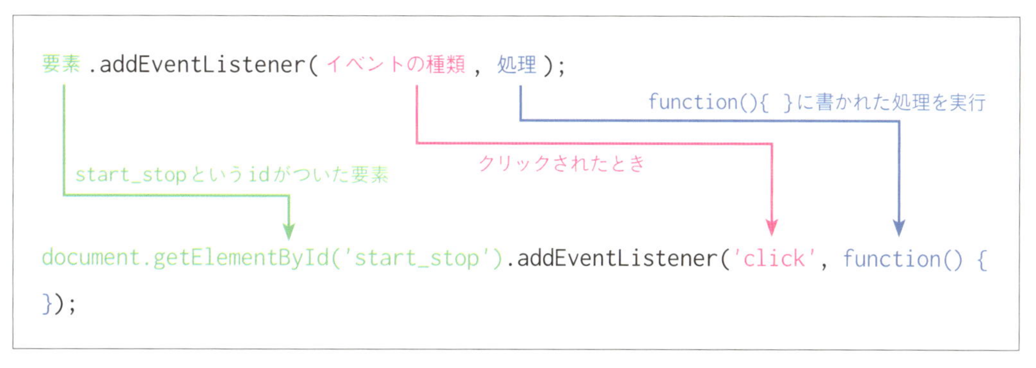

図6-3-3

要素の指定には、先ほども使った「document.getElementById」メソッドを使いました。今回は「START」と書かれたボタンを取得するため、そのid属性である「start_stop」を指定しています。

イベントの種類には、主に右のような種類があります。

イベント	説明
keydown	キーボードが押された
keypress	キーボードが押し続けられている
keyup	キーボードが押された状態から放された
mouseenter	マウスカーソルが要素に触れた
mouseover	マウスカーソルが要素に触れ続けている
mousemove	マウスカーソルが動いた
mousedown	マウスボタンをクリックした
mouseup	マウスのボタンを放した
click	クリックした
dblclick	ダブルクリックした

この他にも、要素の種類に応じてさまざまなイベントが用意されています。これらのイベントに対して、それに対応した処理を記述していくことができます。

「処理」の部分には、ファンクションを指定します。たとえば、次のように指定することもできます。

例)

```
01  // メインの処理
02  var main = function() {
03    var now = new Date();    // Date オブジェクトのインスタンスを作る
04    var seconds = now.getSeconds(); // 秒を取得する
05    seconds = addZero(seconds); // addZero ファンクションを利用
06  ...
07  }
08
09  document.getElementById('start_stop').addEventListener('click', main);  // ク
    リックされたら「main」ファンクションを実行する
```

Section 02で行なったのと同様に、先にファンクション（ここでは「main」）を定義し、そのファンクション名を指定したわけです。しかし、この「先に宣言したファンクションを指定する」という方法は、1回しかそのファンクションを利用しない場合は効率が良くありません。そのような場合、イベントに直接定義する「無名関数」を利用しましょう。Sectionの冒頭のP.219で書き換えたプログラムはこの形です。

名前のないファンクション — 無名関数

「無名関数」とは、名前の付いていないファンクションのことで、1度しか使わないファンクションなどを直接処理の中に指定することができます。先に説明したとおり、「関数」とは「ファンクション」を日本語にしたものです。

次のような書式になっています。

無名関数の書式

```
01  要素 .addEventListner( 'click', function() {
02    ここに処理を記述する
03  } );
```

addEventListerのパラメーターに直接「function () {...}」を記述してしまい、処理をまとめて記述することで、ファンクションを定義することなく、直接処理を記述することができます。書き方は少し複雑ですが、徐々に慣れていくと良いでしょう。

時間の差を求めよう

さて、いよいよ今回作成している「ストップウォッチ」の形にしていきましょう。ストップウォッチを作るにあたって、「スタートボタンが押されてから、現在までに何秒たっているか」が簡単に分かったら良いのですが、JavaScriptではこれができません。そこで少し考え方を変えて、次のようにします。

「スタートボタンが押された時刻と、現在の時刻の差を求める」

これで、スタートボタンが押されてから何秒経過したかを求めることができます。しかし、実は「時刻の差」というのは非常に求めにくいものの1つです。たとえば、「23:24:30」と翌日の「00:02:25」の差は何秒でしょう？意外とこの計算は面倒ですよね。プログラムで求めるのも非常に面倒なのです。

そこで、どちらも秒単位に変換してしまうと引き算だけで求めることができるようになります。JavaScriptには、こんなときに便利なメソッド「getTime」があります。<script>要素のプログラムを次のように変更します。大きく変更するため、いったんすべてのプログラムを消してしまってから書き直すと良いでしょう。

index.html

```
01 <script>
02 document.getElementById('start_stop').addEventListener('click', function() {
03   var start = new Date();
04
05   document.getElementById('timer').innerHTML = start.getTime();
06 });
07 </script>
```

これで、「START」ボタンをクリックすると、ものすごい桁数の数字が表示されました（**図6-3-4**）。そして、ボタンをクリックするたびに、少しずつ数字が変化していることが分かります（**図6-3-5**）。

これは、「1970年1月1日0時0分0秒」からの経過秒数をミリ秒（1/1000秒）単位で表しています。この数字を使えばストップウォッチを作ることができます。

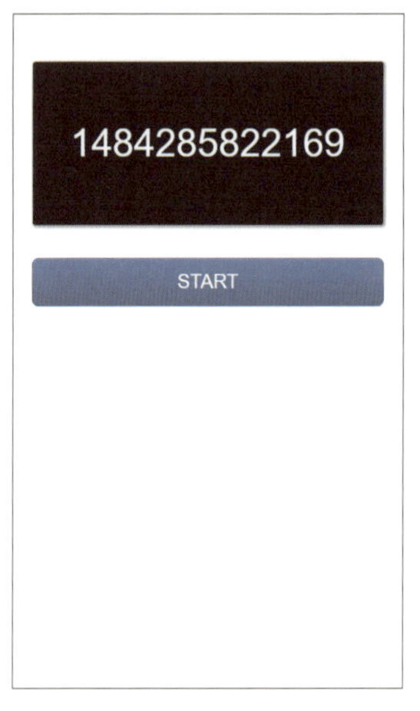

図6-3-4

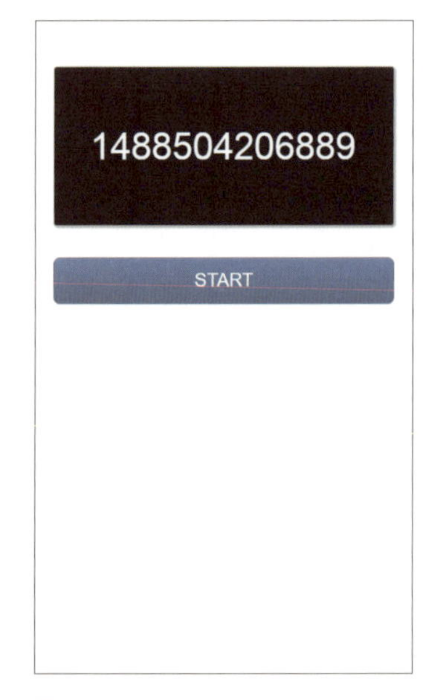

図6-3-5

SECTION 04

繰り返し実行される プログラムにしよう

いよいよ最後です。必要な機能を追加して、タイマーとして仕上げていきます。「START」ボタンを押すと自動的に秒数が増えていくように変更し、時刻の表示をタイマーアプリとして使いやすく変更して仕上げます。

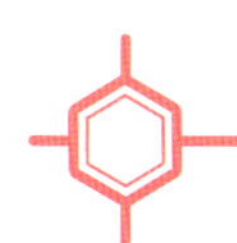

自動で何度もプログラムを実行する ― setInterval ―

今は、ボタンをクリックするたびに時間が変わります。これを、見ている間ずっと変わり続けるようにしましょう。「setInterval」というメソッドを使います。<script>要素のプログラムを次のように変更しましょう。

Section 03までのプログラムはすべて削除してかまいません。

index.html

```
01  <script>
02  document.getElementById('start_stop').addEventListener('click', function() {
03    var start = new Date();
04
05    setInterval(goTimer, 10);
06  });
07
08  // タイマーの処理
09  var goTimer = function() {
10    var now = new Date();
11
12    document.getElementById('timer').innerHTML = now.getTime();
13  }
14  </script>
```

こうして「START」ボタンを押すと、勢いよく数字が変化していく様子が分かります。1秒未満の数字は所々しか見えないでしょうが、確実に1秒ごとに時間を刻んでいることが分かります。

setIntervalメソッドは、次のように使います。

setIntervalメソッドの書式

```
01    タイマーID = setInterval(処理 , 間隔);
```

「処理」には、先の無名関数を利用したり、ファンクション名を指定することができます。なお、ファンクション名を指定するときは、パラメーターを指定する「( )」が不要（指定できない）ので気をつけましょう。

「間隔」はミリ秒（1/1000秒）単位で指定します。10ミリ秒は、1/100秒ごとになります。1ミリ秒にすれば、もっと精度の高いタイマーになりますが、あまり頻繁に呼び出すとWebブラウザーへの負担も大きくなります。とはいえ「1秒ごとのタイマーだから、1000ミリ秒（1秒）で良いか」といえば、そうすると開始時が0.5秒ずれていたりするとずれっぱなしになってしまうので、少し細かいタイミングで更新したほうが良いでしょう。

これでタイマーをスタートさせることができました。後は表示を整えていきましょう。

返り値の「タイマーID」とは、ここで作動させたタイマーを止める場合などに使います。詳しくはP.241ページで紹介します。

COLUMN

省略できるwindowオブジェクト

setIntervalメソッドは、実は「window」というオブジェクトのメソッドです。このオブジェクト、その名の通り「画面を表示しているウィンドウ自身」を指すオブジェクトで、JavaScriptが動作した直後から準備されているため、次のように「new」という記述でインスタンス化する必要がありません。

悪い例）

```
01    var window = new Window();
```

さらに、windowオブジェクトのメソッドは呼び出すときに、「window」を省略することもできます。本文で紹介した「setInterval」メソッドは、本来次のように呼び出します。

```
01  window.setInterval(goTimer, 10);
```

しかし、これを省略して、

```
01  setInterval(goTimer, 10);
```

と呼び出せるのです。

COLUMN

返り値を受け取らない呼び出し

setIntervalには、「タイマー ID」という返り値があります。しかし、本文のプログラムではそれを受け取る変数がありません。このように、返り値が特に不要な場合は返り値を受け取らずに呼び出すことができます。

COLUMN

setIntervalの関数にパラメーターを指定する方法

setIntervalでファンクション」を指定する際、そのファンクションのパラメーターを指定する「( )」は指定できないと説明しました。これを指定する方法には、次の方法があります。

無名関数を組み合わせて使う

次のように、setIntervalのパラメーターには無名関数を指定し、その中でパラメーター付きのファンクションを指定します。

例)

```
01  var add = function(x) {
02    var sum = x + 1;
03    document.write(sum);
04  }
05
06  setInterval(function() { add(5); }, 100); // 実行すると 6666…と表示される
```

▶次ページに続く

クオーテーションで囲む

1つ目のパラメーターをクオーテーションで囲むことでパラメーターを渡すことができます。

例)

```
01    setInterval("add(5)", 100);
```

しかし、この方法は一部のWebブラウザーでは対応していません。

3つ目以降のパラメーターを利用する

実は、JavaScriptの書式としては3つ目のパラメーター以降に、渡したいパラメーターを指定することができます。

例)

```
01    setInterval(処理, 間隔(ミリ秒), パラメーター1, パラメーター2, ...);
```

しかし、この書式も古いWebブラウザーは対応していません。そのため、最初に紹介した無名関数と組み合わせる方法を利用すると良いでしょう。

COLUMN

指定秒数後に1回だけ呼び出す setTimeout

setIntervalメソッドと似たメソッドで、1回だけ関数を呼び出す「setTimeout」メソッドがあります。
たとえば、本文のプログラムにある「setInterval」を次のように変更してみましょう。

```
01    setTimeout(goTimer, 2000);
```

すると、ボタンを押してもしばらく(2秒間)は反応がなく、2秒後に現在の時間(秒)が表示されました。少しだけユーザーの反応後に待ち時間を設けたり、他の処理が終わるのを待ってから作業をするときなどに利用できます。

変数が使える範囲を理解する ── スコープ

では、この「スタートボタンを押した時間（start)」と「今の時間（now)」の差を使って、タイマーを作ってみましょう。goTimerファンクション内を次のように変更します。

index.html

```
01  ...
02  var goTimer = function() {
03    var now = new Date();
04
05    document.getElementById('timer').innerHTML = now.getTime() - start.getTime();
06  }
```

「START」ボタンをクリックしたときに実行するイベントリスナーの中で、次のように「start」という変数を準備していました。

```
01  var start = new Date();
```

ここで求められた秒数を、「goTimer」ファンクションによって求められた「現在」の秒数から減算して表示しようとしています。

しかし、実際に実行すると正しく動作せず、「START」ボタンをクリックしても反応しません（**図6-4-1**）。

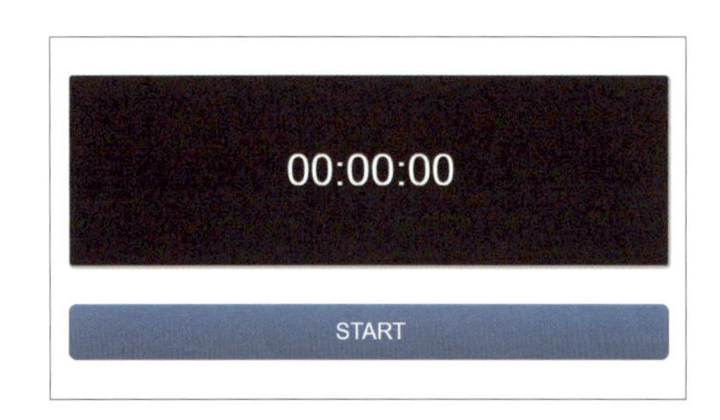

図6-4-1

デバッグ作業をする

このように、プログラムを作成していると正しく動作しなくなるときがあります。これを「バグが発生している」と言います。こんなとき、バグの原因を探る「デバッグ作業」を行なっていきます。

デバッグ作業をするときには、P.120でも登場したChromeのデベロッパーツールが活躍します。[F12]（macOSでは[option]+[command]+[i]）キーを押すと、画面の下半分、または右半分（または、独立したウィンドウで）、デベロッパーツールが起動します（**図6-4-2**）。

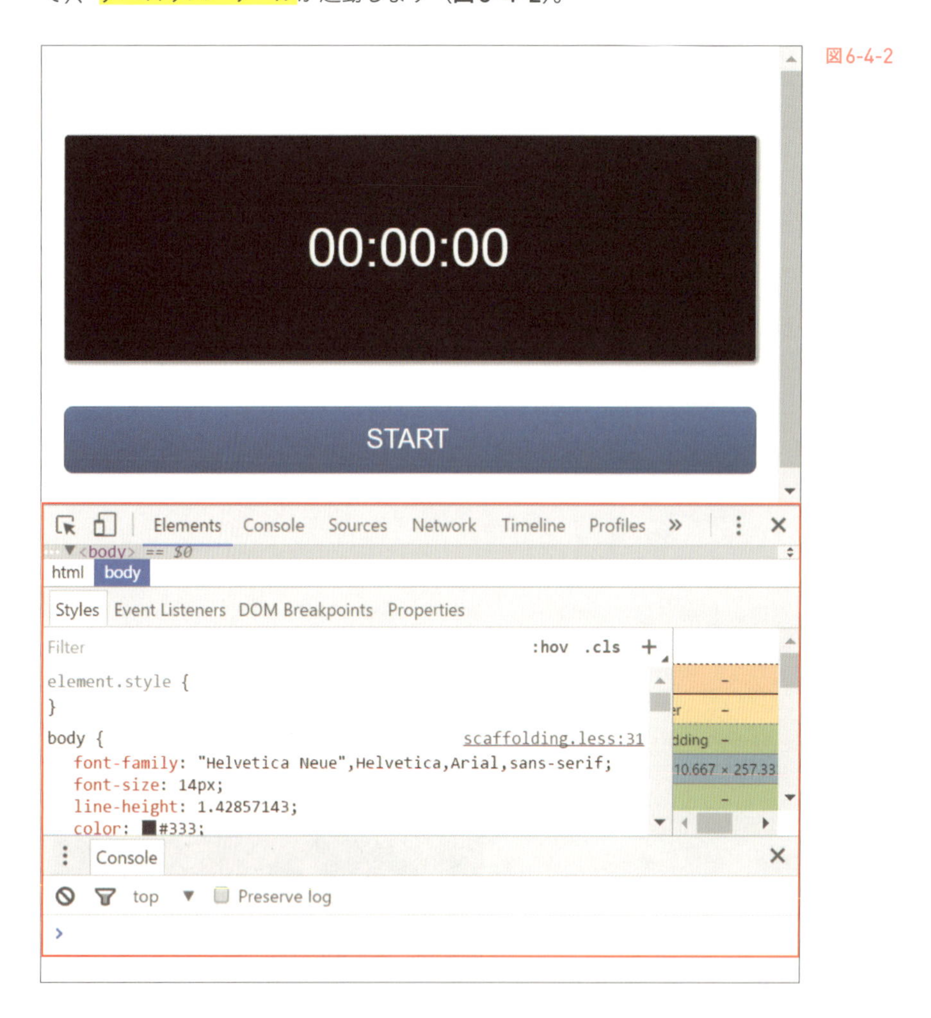

図6-4-2

開いた画面上部の「Console」タブをクリックした状態で、「START」ボタンをクリックしましょう。大量の赤い文字での文章（＝エラーメッセージ）が表示されます（**図6-4-3**）。

これは、タイマーごとにエラーが発生しているだけで、実際に発生しているエラーは1つだけです。次の内容になります。

```
01  Uncaught ReferenceError: start is not defined at goTimer
```

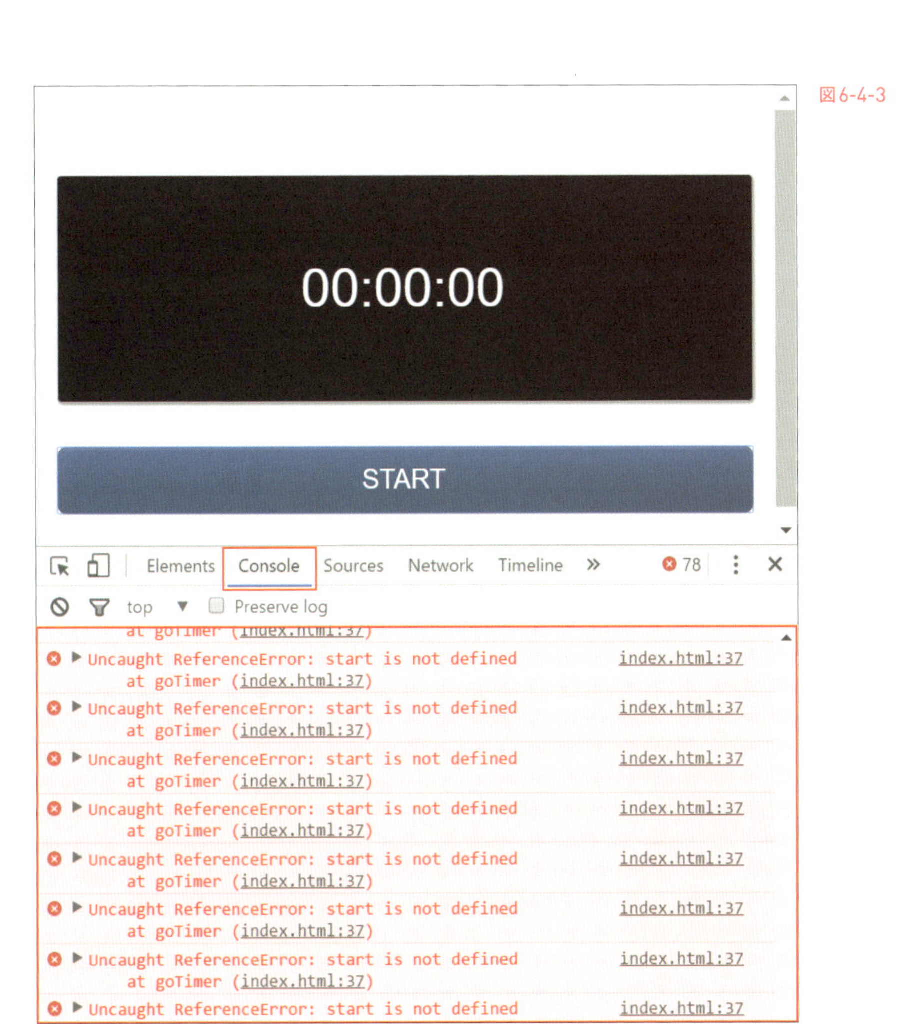

図6-4-3

goTimerというファンクション内で使おうとしている「start」という変数が宣言されていないという意味です。

STARTボタンの「addEventListener」内で定義しているのに、なぜ利用できないのでしょう？　これは、「変数のスコープ」が関係してきます。

スコープとは

変数は、次のように宣言をすると紹介しました。

```
01    var 変数名；
```

このとき、この宣言は単なる準備だけでなく、実は宣言した時点で「使える範囲」（スコープ）が決まるというルールがあります。startという変数は次のように、イベントリスナーの定義の中で宣言していました。

```
01  document.getElementById('start_stop').addEventListener('click', function() {
02    var start = new Date();
03    ...
```

すると、この変数はイベントリスナー定義の中の無名関数（function () { } の中）でだけ利用できる変数になります。イベントリスナー内のみが「スコープ」となるわけです。

スコープが違うと、他のスコープの変数は利用できなくなります。これは一見不便に思えますが、逆にスコープが違えば、同じ名前の変数を利用しても、問題ないということです。

例）

```
01  var function_a = function() {
02    var x = 10;
03  }
04  var function_b = function() {
05    var x = 20;
06  }
```

ここで、「function_a」「function_b」それぞれで「x」という同じ名前の変数を使ってしまっていますが、値が書き換えられてしまったりせずに利用できるというわけです。

では、今回の例のように「他のファンクション内で作った変数を使いたい」という場合はどうしたら良いでしょうか？　1つの方法として「グローバル変数」を利用するという方法があります。

みんなで共有する ── グローバル変数

プログラムを、次のように変更してみましょう。

index.html

```
01  <script>
02  var start;  // 開始時間（グローバル変数）
03
04  document.getElementById('start_stop').addEventListener('click', function() {
05    start = new Date();
06    setInterval(goTimer, 10);
07  ...
```

startという変数の宣言を、イベントリスナーの外に出しました。ここでは、宣言だけをしています。しかし、この時点でこの変数はどこからでも利用できる「グローバル変数」というものになりました。そのため、先ほどまでは利用できなかった「goTimer」ファンクションの中でも利用できるようになったというわけです。

これでページを表示すれば、タイマー内でもstartの変数の内容が表示されて、参照できていることが分かります（**図6-4-4**）。

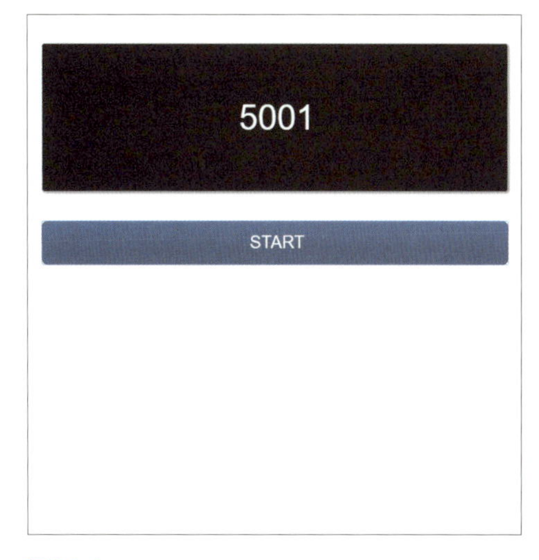

図6-4-4

グローバル変数は便利な半面、先の通り、思いも寄らない場所で内容を変えてしまったり、どこでその変数が作られ、どこで使われているのかが分かりにくくなるなどの弊害があります。よく考えて使っていきましょう。

これで、現在の時間とスタートボタンを押したときの差が表示できるようになりました。

表示を整える

さて、最後に、現状は「秒数」でしか表示されていないので、これを時・分・秒で表示できるようにしましょう。これには、算数の計算が必要です。

まずは秒です。JavaScriptでは、「ミリ秒」単位で時間を保持しているため、秒にするためには次の計算が必要です。

```
秒 = ミリ秒 / 1000;
```

ただし、計算結果が小数になってしまうので、小数点以下を切り捨ててこれを整数にします。

小数点以下を切り捨てるには、「Math」オブジェクトの「floor」メソッドを使います。次のような書式です。

floorメソッドの書式

```
01  整数 = Math.floor( 小数 );
```

つまり、整数の秒数は次の式で求めることができます。

```
秒 = Math.floor(ミリ秒 / 1000);
```

では、これをプログラムにしていきましょう。次のようになります。

index.html

```
01  // タイマーの処理
02  var goTimer = function() {
03    var now = new Date();
04
05    var milli = now.getTime() - start.getTime(); // 差をミリ秒で
06    var seconds = Math.floor(milli / 1000); // 秒を取得
07
08    document.getElementById('timer').innerHTML = seconds;
09  }
10  </script>
```

これを表示すると、1秒ずつカウントするようになります（**図6-4-5**）。

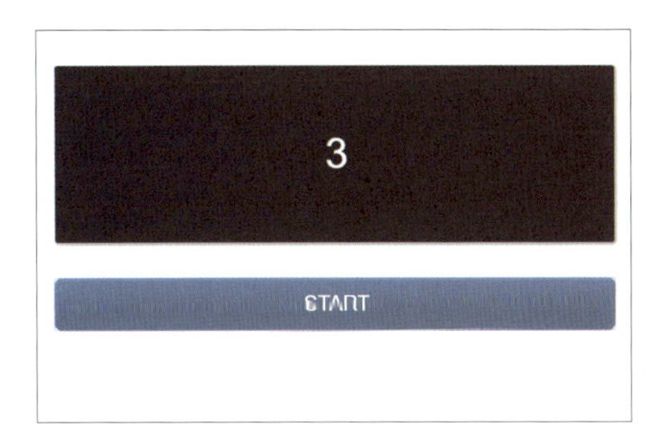

図6-4-5

分・時を求める

60秒待つと、そのまま61, 62, 63……と増えていってしまいます。次は、分を求めましょう。整数の「分」は次の式で求めます。

```
Math.floor(秒/60);
```

整数の「時」も同じように次のようになります。

```
Math.floor(分/60);
```

これをまとめると次のようになります。文字列連携で表示させましょう。

index.html

```
01  ...
02  // タイマーの処理
03  var goTimer = function() {
04    var now = new Date();
05
06    var milli = now.getTime() - start.getTime(); // 差をミリ秒で
07    var seconds = Math.floor(milli / 1000); // 秒を取得
08    var minutes = Math.floor(seconds / 60); // 分を取得
09    var hours = Math.floor(minutes / 60); // 時を取得
10
11    document.getElementById('timer').innerHTML = hours + ':' + minutes + ':' +
    seconds;
12  }
13  </script>
```

すると、分や時は正しく取得できていますが（1時間待つのは大変ですが……）、**図6-4-6**のような表示になってしまいます。

図6-4-6

60分を超えても、そのまま数字が増えてしまっています。分や秒からは、時、分に送られた数を引いておかなければなりません。

プログラムを次のようにしましょう。

index.html

```
01      ...
02      var seconds = Math.floor(milli / 1000); // 秒を取得
03      var minutes = Math.floor(seconds / 60); // 分を取得
04      var hours = Math.floor(minutes / 60); // 時を取得
05
06      seconds = seconds - minutes * 60;
07      minutes = minutes - hours * 60;
08
09      document.getElementById('timer').innerHTML = hours + ':' + minutes + ':' +
    secons;
10    }
11    </script>
```

これで、正しく計算できました。最後に、先に作った「addZero」ファンクションを使って、0を補完しましょう。完成したプログラムは次のようになります。

index.html

```
01    <script>
02    var start;  // 開始時間（グローバル変数）
03
04    // ゼロを追加する
05    var addZero = function(value) {
```

```
06      if (value < 10) {
07        value = '0' + value;
08      }
09      return value;
10    };
11
12    document.getElementById('start_stop').addEventListener('click', function() {
13      start = new Date();
14
15      setInterval(goTimer, 10);
16    });
17
18    // タイマーの処理
19    var goTimer = function() {
20      var now = new Date();
21
22      var milli = now.getTime() - start.getTime(); // 差をミリ秒で
23      var seconds = Math.floor(milli / 1000); // 秒を取得
24      var minutes = Math.floor(seconds / 60); // 分を取得
25      var hours = Math.floor(minutes / 60); // 時を取得
26
27      seconds = seconds - minutes * 60;
28      minutes = minutes - hours * 60;
29
30      // 1桁の場合は 0 を補完
31      hours = addZero(hours);
32      seconds = addZero(seconds);
33      minutes = addZero(minutes);
34
35      document.getElementById('timer').innerHTML = hours + ':' + minutes + ':' +
     seconds;
36    }
37    </script>
```

「STOP」ボタンを作成しよう

今は、STARTをすると止める術がありません。そこで、「STOP」ボタンを作ってみましょう。

「STOP」ボタンは、「START」ボタンを押さないと必要のないボタンですし、逆に「START」ボタンは1度押したら「STOP」ボタンを押すまで必要ありません。そこで、1つのボタンを**図6-4-7**、**図6-4-8**のように交互に表示させるようにしましょう。

このような同じ操作で動作を切り替えられるボタンを「トグルボタン」といいます。

図6-4-7

図6-4-8

「START」ボタンをクリックしたときに動くイベントリスナーの処理に、次のように記述します。

index.html

```
01  ...
02  document.getElementById('start_stop').addEventListener('click', function() {
03    start = new Date();
04
05    setInterval(goTimer, 10);
06
07    // STOP ボタンにする
08    this.innerHTML = 'STOP';
09    this.classList.remove('btn-primary');
```

```
10      this.classList.add('btn-danger');
11    });
```

すると、ボタンをクリックするとラベルが「STOP」に変わり、ボタンの色が赤に変わります。Bootstrapの「btn-danger」クラスを利用すると、赤くすることができます。そのため、要素のクラスを追加したり、削除できる「要素.classList」を利用しましょう。addメソッドで、クラスを追加することができます。

要素にクラスを追加する書式

```
01    要素.classList.add('追加するクラス名');
```

同様に、青い色を無効にするため「btn-default」をremoveメソッドを使って削除します。

要素からクラスを削除する書式

```
01    要素.classList.remove('削除するクラス名');
```

これで、ボタンのクラスは次のようになります。

```
01    <button class="btn btn-danger">STOP</button>
```

続いて、「STOP」ボタンがクリックされたときの処理を作成しましょう。トグルボタンにするためには、ボタンのクリックイベントで「今、どちらのボタンが表示されているか」を判断して、ボタンの動きを変更します。

「START」ボタンのときは、ボタンのラベル（=innerHTMLプロパティ）が「START」になっているので、これを利用しましょう。

index.html

```
01    ...
02    document.getElementById('start_stop').addEventListener('click', function() {
```

▶次ページに続く

```
03    if (this.innerHTML === 'START') {
04      start = new Date();
05
06      setInterval(goTimer, 10);
07
08      // STOP ボタンにする
09      this.innerHTML = 'STOP';
10      this.classList.remove('btn-primary');
11      this.classList.add('btn-danger');
12    }
13  });
```

続いて、「STOP」ボタンが押されたときの処理です。「START」ボタンと同じように、次のように記述することもできます。

```
01  if (this.innerHTML === 'START') {
02    ...
03  }
04  if (this.innerHTML === 'STOP') {
05    ...
06  }
```

しかしこの場合、「else」という記述を使う方が簡単です。次のようにしましょう。

index.html

```
01  ...
02    if (this.innerHTML === 'START') {
03    ...
04      // STOP ボタンにする
05      this.innerHTML = 'STOP';
06      this.classList.remove('btn-primary');
07      this.classList.add('btn-danger');
08    } else {
09      // START ボタンにする
10      this.innerHTML = 'START';
```

```
11        this.classList.remove('btn-danger');
12        this.classList.add('btn-default');
13      }
14  });
```

elseは、if構文の後につなげて記述することで、ifの条件に合わなかった場合の処理を記述できます。つまり、ここではボタンが「START」でなかった場合（＝STOPだった場合）に、「else」と記述した後のプログラムが動作するというわけです。ここでは、先と反対に、「btn-danger」を削除して「btn-default」にすることで青いボタンに変えています。ただし、現状では「STOP」ボタンをクリックしてもタイマーは止まりません。これには「clearInterval」メソッドを使います。

タイマーを止める ― clearInterval

動き出したタイマーを止めるには「clearInterval」メソッドを使います。次のような書式です。

clearIntervalメソッドの書式

```
01  window.clearInterval(タイマーID);
```

「タイマーID」とは、「setInterval」メソッドの返り値として得ることができる情報です（P.226参照）。そのため、まずはsetIntervalメソッドの返り値を受け取りましょう。

index.html

```
01  ...
02   var timer_id;
03   document.getElementById('start_stop').addEventListener('click', function() {
04    if (this.innerHTML === 'START') {
05      start = new Date();
06
07      timer_id = setInterval(goTimer, 10);
08      ...
```

ここで、timer_id変数は「イベントリスナー」の外で宣言します。P.231で説明したスコープがイベントリスナー内に留まってしまうのを防ぐためです。

後は、このtimer_idをclearIntervalのパラメーターとして渡しましょう。

index.html

```
01  ...
02  } else {
03    clearInterval(timer_id);
04
05    // START ボタンにする
06    this.innerHTML = 'START';
07    ...
```

これで、「STOP」ボタンをクリックするとタイマーが停止するようになりました。再び「START」ボタンをクリックすると、カウントをしなおすこともできます。

なかなか、歯ごたえのあるプログラムだったかも知れませんが、タイマーやイベントなどを利用すると面白いプログラムが作れるようになってきます。1つひとつをじっくり理解して、取り組んでみてください。

Ajax通信のきほんを学ぼう
～ jQuery、Vue.jsにもチャレンジ！

CHAPTER 7

このChapterでは、Ajax通信を使ったイメージギャラリーを作ります。非同期で外部ファイルからデータを読み込むAjax通信は使う機会も多いので、しっかり学んでおきましょう。また後半では、jQueryやVue.jsなどのJavaScriptライブラリーを使って、より簡単かつ効率的なプログラミングについても説明していきます。

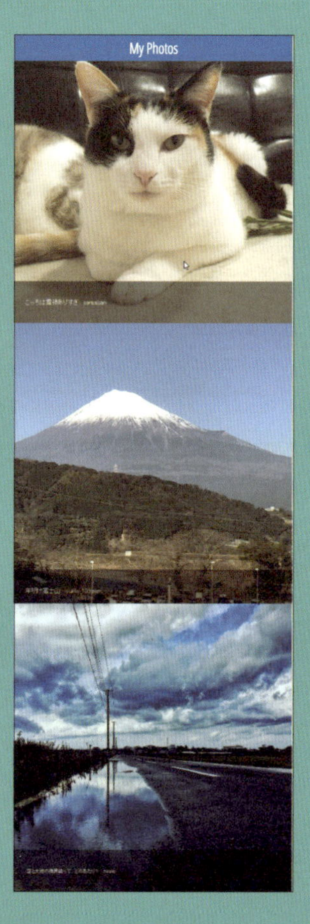

SECTION 01

ページの大枠を作り、JSONデータを用意しよう

まずは、このChapterで作成するサンプルの基本となるHTML、CSSを用意しましょう。最初はHTMLで画像部分も記述します。続いて、JavaScriptで読み込むためのJSONデータを用意していきます。

サンプルの完成形を確認する

このChapterで作成するサンプルは、**図7-1-1**のようなイメージギャラリーです。

一見すると、普通のHTMLで、JavaScriptで作成する部分はなさそうに思うかもしれません。しかし、実はこのサンプルのHTMLの主要部分は次のようになっています。

index.html

```
01  <header>
02    <h1>My Photos</h1>
03  </header>
04
05  <div id="img_unit">
06  </div>
```

<div>要素の内容が空っぽです。この、<div>要素の内容に入る画像の一覧のHTMLは、「JSON」（ジェイソン）と呼ばれるデータファイルを元に、JavaScriptがその場で生成しています。

このChapterでは、そんなJSONデータとの連係やAjax通信、jQueryやVue.jsといった「JavaScriptライブラリー」などを活用したJavaScript開発を学びます。

図7-1-1

このような技術により、サーバーとの通信などを行なうWebサイトやアプリを作成できるようになり、より本格的な開発に近づくことができます。

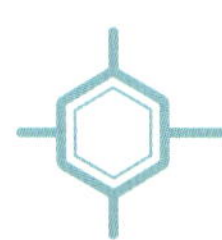

HTMLとCSSを準備する

それでは、早速サンプルを作成していきましょう。このChapterのサンプルを試すためには、写真データがいくつか必要になります。自分で撮影した写真などを準備するか、本書のサンプルデータのファイルをご利用ください。画像は3点ほど用意し、以下で作成するindex.htmlと同じ階層に「img」フォルダを作成してその中に入れます。名前は「img01.jpg」「img02.jpg」「img03.jpg」としてください。

まず次のようなHTMLファイルを用意してください。

index.html

```
01  <!DOCTYPE html>
02  <html lang="ja">
03  <head>
04    <meta charset="UTF-8">
05    <meta name="viewport" content="width=device-width">
06
07    <title>My Photos</title>
08
09    <link href="https://fonts.googleapis.com/css?family=Open+Sans+Condensed:300"
    rel="stylesheet">
10    <link rel="stylesheet" href="css/style.css">
11  </head>
12
13  <body>
14    <header>
15        <h1>My Photos</h1>
16    </header>
17
18    <div class="container">
```

▶次ページに続く

```
19        <div id="img_unit">
20          <div class="photo">
21            <img src="img/img01.jpg">
22            <div class="inner"><p>こっちは貫禄ありすぎ<span>sansaisan</span></p></div>
23          </div>
24        </div>
25
26      </div><!-- container -->
27    </body>
28    </html>
```

また、style.cssを次のように準備しました。index.htmlと同じ階層に「css」フォルダを作成し、その中に入れます。

style.css

```
01    body {
02      margin: 0;  /* 余白を 0に */
03      padding: 0; /* 要素内余白を 0に */
04      background-color: rgba(26, 55, 229, 0.06);  /* 背景色を薄水色に */
05    }
06
07    .container {
08      max-width: 600px;   /* 最大幅を 600pxに */
09      margin: 0 auto; /* 左右を中央揃えに */
10      box-shadow: 0px 0px 3px rgba(0, 0, 0, .3);  /* ドロップシャドウをかける */
11    }
12
13    img {
14      width: 100%;    /* 画像の幅を画面幅一杯に */
15      margin: 0;  /* 余白を0に */
16      vertical-align: top;    /* 画像間に余白が出るバグを補正 */
17    }
18
19    header {
20      background-color: #007acc;  /* 背景色を濃い青に */
21      color: #fff;    /* 文字色を白に */
```

```
22    position: fixed;     /* ヘッダーを画面内固定に */
23    top: 0; /* 位置を一番上に */
24    width: 100%;     /* 幅を画面幅一杯に */
25    z-index: 100;    /* 重なったときの優先度を上に */
26  }
27
28  header h1 {
29    margin: 0;  /* 余白をなくす */
30    font-size: 25px;     /* 文字の大きさを 25px に */
31    padding: 5px;    /* 要素内余白を 5px に */
32    text-align: center; /* テキストを中央揃えに */
33    font-family: 'Open Sans Condensed', sans-serif; /* フォントを Web フォントに */
34  }
35
36  .photo {
37    position: relative; /* 画像の上にキャプションが重ねられるように */
38  }
39  .photo .inner {
40    position: absolute; /* キャプションを画像の上に重ねる */
41    bottom: 0;  /* 位置を画像の最下部に */
42    width: 100%;     /* 幅は一杯に */
43    background-color: rgba(0, 0, 0, .5);     /* 背景色を半透明の黒に */
44    font-size: 10px;     /* 文字の大きさを 10px に */
45    color: #fff;     /* 文字色を白に */
46    margin: 0;  /* 余白を 0 に */
47  }
48  .inner p {
49    padding: 20px;   /* 要素内余白を 20px に */
50  }
51  .inner span {
52    margin-left: 10px;   /* 左に 10px の余白 */
53  }
```

これで準備完了です。次ページの**図7-1-2**のようなページが表示されます。

ここで、少し見慣れないCSSプロパティを利用しているため、これを紹介しましょう。

図7-1-2

要素の位置を固定する ― position: fixed

Webブラウザーの縦幅を狭めて、スクロールバーが出るようにしたら少し下にスクロールしてみましょう。タイトルエリアは上に隠れずに、画面上に**固定**された状態になります（**図7-1-3**）。<header>要素に対して指定しているCSSを見ると、次のように指定されています。

図7-1-3

style.css

```
01  header {
02    background-color: #007acc;  /* 背景色を濃い青に */
03    color: #fff;     /* 文字色を白に */
04    position: fixed;      /* ヘッダーを画面内固定に */
05    top: 0; /* 位置を一番上に */
06    width: 100%;     /* 幅を画面幅一杯に */
07    z-index: 100;    /* 重なったときの優先度を上に */
08  }
```

ここで、「position」プロパティを「fixed」に設定しています。これは、「画面上に固定する」という指定です。どこに固定するかを「top」「left」「right」「bottom」プロパティのいずれかで設定します。たとえば、位置の指定をbottomプロパティに変更すると、画面の下部に固定されます（**図7-1-4**）。

style.css

```
01  header {
02      ...
03      position: fixed;     /* ヘッダーを画面内固定に */
04      /* top: 0; 位置を一番上に */
05      bottom: 0; /* 位置を一番下に */
06      ...
```

図7-1-4

このとき、要素同士が重なり合うことになりますが、「どちらの要素が上にかぶるか」というのは、HTMLのタグが「後」に書かれたものの方が、優先度が高くなります（上にかぶせて表示されます）。<header>要素は、HTMLの最初に書かれていますので、そのままでは**図7-1-5**のように写真の下に潜ってしまうのです。

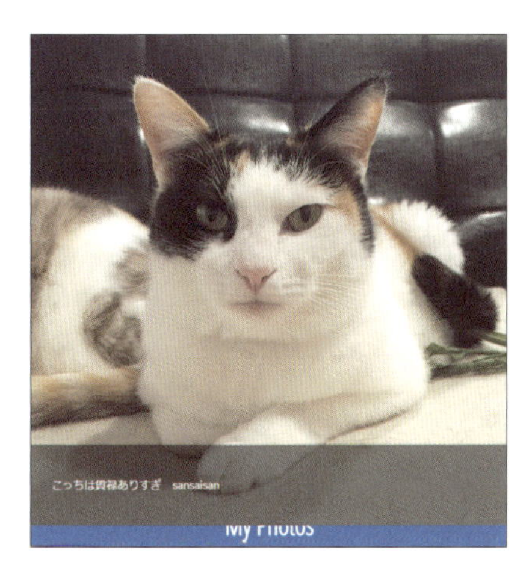

図7-1-5

これを調整しているのが「z-index」プロパティです。

重なり合う要素の優先度を設定する ― z-index

z-indexプロパティは、数値で重なりの優先度を指定することができます。

z-indexプロパティの書式

```
01  z-index: 優先度
```

「優先度」に指定する数値は、0が最小で、最大では1,000,000,000といった非常に大きな数を指定することができます。大きい数字ほど、基本的には上位に表示されます。サンプルでは「100」という数字を指定しました。

1、2、3･･･といった数値を指定するよりは、100、200、500、1000など、ある程度の幅をとった数字を指定したほうが、要素の追加などで調整するときに、既存の要素の数字をずらすなどの作業を避けることができるため、安心です。こうして、ヘッダーを画面上に固定しました。確認できたら、「bottom」の指定は削除し、「top」からコメントアウトの記号を取っておきましょう。

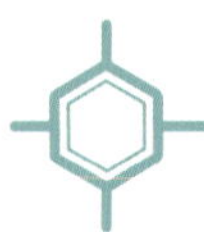

JSONデータを用意する

続いて、写真のデータの元となる「JSON」というデータを準備します。

JSONとは「JavaScript Object Notation」の略称で、JavaScriptとの相性が非常に良いデータ形式です。「データ形式」についてはP.252のコラムを参照してください。JSONは、次のような書式で記述します。

JSONの書式

```
01  [
02    {
03      キー: 値,
04      キー: 値,
05      ...
06    },
07    ...
08  ]
```

このように、かっこの種類や記号でそれぞれの値を区切ります。

コラムで紹介しているCSVデータと違って、データに「**キー**」があるため、意味が分かりやすく、またXMLと違ってタグのような冗長な表現でないため、コンパクトにデータを表現することができ、現在では非常に広く使われています。

では、JSONを使って、実際に画像を管理するデータを作成してみましょう。index.htmlの<body>要素の最後に、次のように書き加えます。JSONデータを記述し、その一部を警告ウィンドウで表示してみます。

index.html

```
01 </div><!-- container -->
02 <script>
03 var images = [
04   {
05     "path": "img/img01.jpg",
06     "name": "sansaisan",
07     "caption": "こっちは貫禄ありすぎ"
08   },
09   {
10     "path": "img/img02.jpg",
11     "name": "yukky_13dream",
12         "caption": "年明け富士山"
13   },
14   {
15     "path": "img/img03.jpg",
16     "name": "maako",
17     "caption": "空と大地の境界線って、どのあたり？"
18   }
19 ];
20 
21 alert(images[0].caption)
22 </script>
```

このファイルをWebブラウザーで確認すると、**図7-1-6**のような**警告ウィンドウ**が表示され、JSONデータで記述している1つ目のデータセットの「catiption」の値が表示されます。

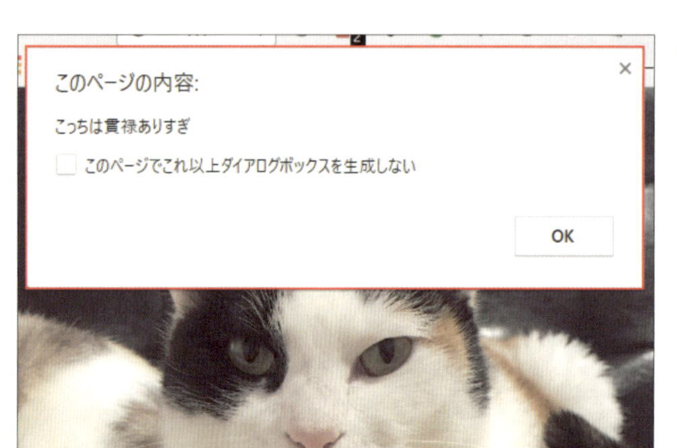

図7-1-6

JSONデータが「images」という変数に保管され、内容にアクセスすることができるようになった状態です。windowオブジェクトのalertというメソッドでそれを表示してみました。ここで、images変数は「配列（Arrayオブジェクト）」という形式になっています。

COLUMN

データ形式とは

「データ形式」とは、データをどのようなルールで記述するかを定めたものです。上で使ったJSONもデータ形式の1つです。他にも、次のようなデータ形式がよく使われています。

CSV（Comma Separated Values）

カンマ（,）を使ってデータを管理するデータ形式です。

```
01    1, img/img01.jpg, こっちは貫禄ありすぎ , sansaisan
02    2, img/img02.jpg, 年明け富士山 , yukky_13dream
03    3, img/img03.jpg, 空と大地の境界線って、どのあたり？ , maako
```

このデータ形式は、さまざまな場面で一般的に活用されています。Excelなどで扱ったことがある方も多いでしょう。

TSV（Tab Separated Values）

CSVと同じような形式で、「タブ記号」を使って区切ったデータ形式です。TSVもまとめて「CSV」と呼ばれることもあります。
CSVやTSVは、手軽なデータ形式ではありますが、各データが「なにを表わしているか」が分かりにくいなどの特徴があります。たとえば、先の例では、1つ目がid、2つ目が画像パスといった具合ですが、データを見ただけではそれが分かりません。そのため、もう少し分かりやすいデータ形式が求められました。そういった場合に適しているのがXMLです。

XML（Extensible Markup Language）

XMLは、名前に「Markup Language」が入っている通り、HTMLに似た「マークアップ言語」です。

次のように、タグを使ってデータを表します。

```
01 <?xml version="1.0" ?>
02 <images>
03   <image>
04     <path>img/img01.jpg</path>
05     <caption>こっちは貫禄ありすぎ</caption>
06     <name>sansaisan</name>
07   </image>
08   <image>
09     <path>img/img02.jpg</path>
10     <caption>年明け富士山</caption>
11     <name>yukky_13dream</name>
12   </image>
13   <image>
14     <path>img/img03.jpg</path>
15     <caption>空と大地の境界線って、どのあたり？</caption>
16     <name>maako</name>
17   </image>
18 </images>
```

HTMLと違うのは、タグの名前が見慣れない点。これは「Extensible（拡張可能）」という名前の通り、XMLはタグを自分で拡張して作ることができるのです。自由にタグを作ってデータを整理し、そのデータを使って送受信することができます。

CSV/TSVと違い、各データにタグが紐付いているため、なにを表わすデータかが一目で分かるなどの利点から、現在も広く利用されています。

ただし、タグが冗長でデータ容量が大きくなりがちなのと、解析に手間がかかってしまうため、処理が重くなってしまうと言う欠点があります。そこで、JavaScriptではJavaScript専用のデータ形式としてJSONが活用されています。近年は、JSONを解析できるプログラミング言語が増えてきて、JavaScript以外でも利用されることが多くなっています。

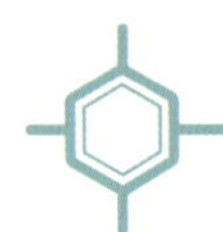

まとめて値を管理する ── Array

さて、JSONデータを代入している「images」という変数は、ちょっと特殊な形をしています。これは、Arrayという形のオブジェクトで、一般的には「配列」と呼ばれます。Arrayオブジェクト（配列）は、複数の値をひとまとめにして管理することができます。

たとえば、都道府県の情報を管理したいとしましょう。通常の変数で管理しようとすると、1つの変数には1つの情報しか入れることができません。

例）

```
01    var pref = '北海道';
```

そのため、他の値を入れるときには、その分だけ変数を準備する必要があります。

例）

```
01    var pref = '北海道';
02    var pref1 = '青森県';
03    var pref2 = '岩手県';
```

しかし、これでは効率が悪いですし、「pref1」と「pref2」がともに都道府県の情報を管理しているというのは、変数名で判断するしかありません。そこで、Arrayオブジェクトを利用して、次のように代入します。

例）

```
01    var pref = new Array('北海道', '青森県', '岩手県');
```

Dateオブジェクトなどと同じように、まずArrayオブジェクトのインスタンスを作成し、パラメーターに、挿入したい内容を羅列していきます。ただ、配列はよく利用されるため、上記の書き方の他に次のような書き方が可能で、こちらのほうがよく使われます。

例）

```
01  var pref = ['北海道', '青森県', '岩手県'];
```

まとめると、配列は、次のような書式で記述します。

配列の書式

```
01  var 配列名 = [値1, 値2, 値3...];
```

すると、1つの配列にすべての情報が収まります。値を取り出す場合は、次のように「インデックス」（または「添え字」などと呼ばれます）という番号を指定します。

例）

```
01  pref[0]
```

インデックスは、0から始まります。先の例だと3つの値が入っているため、0から2までのインデックスを使用します。こうして、JSONデータの画像の情報を配列として代入し、警告画面で表示したというわけです。

COLUMN 配列の操作

Arrayオブジェクトには、さまざまなメソッドやプロパティが準備されていて、配列を操作できるようになっています。いくつかを紹介しましょう。

値を追加、削除する —— push、pop、shift、unshift、splice

配列に値を追加したり削除することができます。先頭を操作する（shift、unshift）ことと、末尾を操作する（push、pop）ことができます。

```
01  var pref = ['北海道', '青森県', '岩手県'];
02  
03  pref.push('宮城県');    // 末尾に宮城県を追加
04  pref.pop();    // 末尾（宮城県）を取り出して配列から削除
05  pref.shift();    // 先頭（北海道）を削除
06  pref.unshift('北海道');    // 先頭に北海道を追加
```

▶次ページに続く

また、spliceメソッドで指定した場所の値をまとめて消すこともできます。

```
01    pref. splice (1, 2);   // 1番目のインデックス（=青森県）から2件を削除
```

値の数を知るプロパティ —— length

配列の「length」プロパティには、値の数が入っています。

```
01    var pref = ['北海道', '青森県', '岩手県'];
02    alert(pref.length); // 3
```

lengthプロパティは個数であるため、最大のインデックス番号+1となることに気をつけましょう。この例の場合、岩手県のインデックスは「2」となりますが、.lengthプロパティは3になります。

値のインデックスを取得する —— indexOf

値を指定して、配列の何番目に入っているかを調べることができます。

```
01    var pref = ['北海道', '青森県', '岩手県'];
02    alert(pref.indexOf('青森県'));   // 1
```

配列をコピーする —— slice

配列をコピーしておくことができます。

```
01    var prefCopy = pref.slice();
```

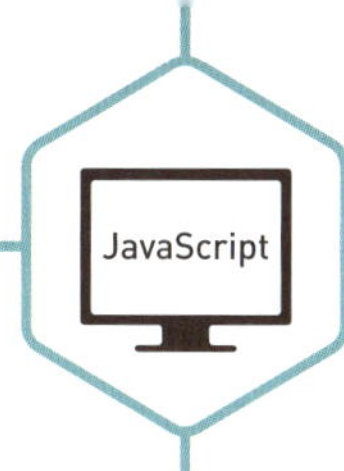

SECTION 02

for構文を使って、データを要素として追加しよう

続いて、JSONデータを利用して、画像一覧を表示するプログラムを書いていきます。配列の「images」変数からJSONデータを抜き出して表示するために、for構文を使って繰り返し処理を行なっていきます。

新しい要素を作る ― document.createElement ―

現在、HTMLには、1件だけ画像を表示するための記述がされています。これは、デザインを確認するための「ダミーデータ」と呼ばれるデータであるため、実際にJavaScriptを書いていくときには削除します。

HTMLを次のように変更しましょう。「img_unit」のid属性を付けた<div>要素の中身を削除します。

index.html

```
01  <div id="img_unit">
02  </div>
```

ここに、JSONデータのデータを元にHTMLを作っていきましょう。HTMLは、既に学んだように文字列連結で作成することもできます。上で削除したHTMLをそのままJavaScriptで作るとすると、以下のようなプログラムをイメージするかもしれません。

例)

```
01  var html = '<div id="img_unit"><div class="photo"><img src="' + images[0].path
     + '">...;
```

しかし、HTMLの量が増えると、文字列連結が複雑になり、ソースも見にくくなります。そこで、ここでは「document.createElement」メソッドを利用して、JavaScriptを使って要素を作り出してみましょう。

<script>要素のJavaScriptに次のように追加します。

index.html

```
01  …
02  ];
03  
04  var img;
05  
06  img = document.createElement('img');  ----❶
07  img.setAttribute('src', images[0].path);  ----❷
08  
09  document.getElementById('img_unit').appendChild(img);  ----❸
10  
11  //alert(images[0].caption)
12  </script>
```

これで画面を表示すると、画面上に画像だけ表示されます（**図7-2-1**）。JavaScriptによって次のようなHTMLが生成されています。

```
01  <img src="img/img1.jpg">
```

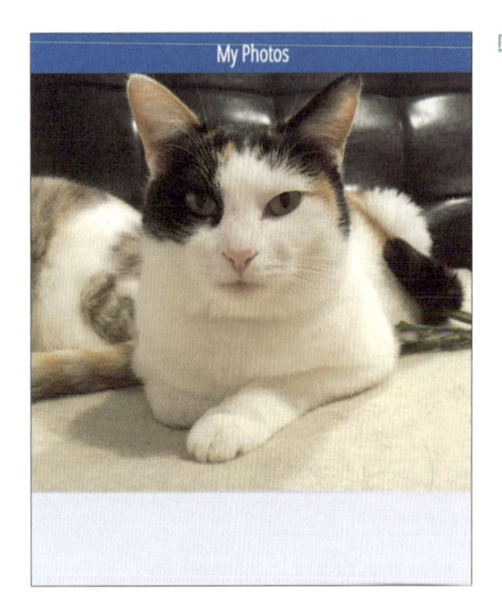

図7-2-1

MEMO

生成されたHTMLを確認するには、P.120などで紹介しているデベロッパーツールで、「Elements」タブを開きます。

プログラムを1つずつ見ていきましょう。

❶の「document.createElement」は、新しく要素を作成するためのメソッドです。パラメーターに要素名を指定すると、「Element」オブジェクトが作成されます。

これは、「document.getElementById」で要素を指定したときに生成されるオブジェクトと同じものです。そのため、「innerHTML」プロパティでコンテンツを入れるなどの操作が可能です。❶ではこれを、imgという変数に代入しました。

createElementメソッドの書式

```
01  document.createElement (作成する要素);
```

続いて❷では、imgに対して、「setAttribute」メソッドで「src」属性を追加しました。「src」属性の値として、JSONから取得した画像ファイルへのパスを指定すれば、画像要素の完成です。

❸では、この作った要素をページ内に追加します。これには「appendChild」メソッドを使います。

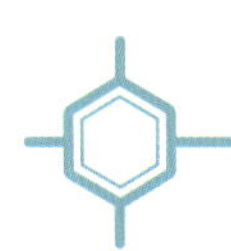

要素を追加する ― appendChild

document.createElementメソッドで作った要素は、document.appendChildメソッドで画面上の要素に追加をすることで、表示させることができます。要素は作っただけでは表示されないので、かならず追加の作業が必要です。

appendChildメソッドの書式

```
01  追加する場所.appendChild(要素);
```

上で書いたプログラムでは、「img_unit」というid属性の要素に、子要素として<img>要素が足されます。この調子で、次のようなHTMLを、JavaScriptで作り上げていきましょう。

```
01  <div class="photo">
02    <img src="img/img01.jpg">
03    <div class="inner"><p>こっちは貫禄ありすぎ<span>sansaisan</span></p></div>
04  </div>
```

次のようなプログラムになります。

index.html

```
01  var img;
02  var caption;
03  var div;
04
05  img = document.createElement('img');
06  img.setAttribute('src', images[0].path);
07
08  caption = document.createElement('div');  ----❶
09  caption.className = 'inner';  ----❷
10  caption.innerHTML = '<p>' + images[0].caption + '<span>' + images[0].name +
    '</span></p>';  ----❸
11
12  div = document.createElement('div');  ----❹
13  div.className = 'photo',  ----❺
14  div.appendChild(img);  ----❻
15  div.appendChild(caption);  ----❼
16
17  document.getElementById('img_unit').appendChild(div);  ----❽
18  </script>
```

これで、画面を表示すればJSONのデータが反映された状態で、1件のデータが表示されるようになりました（**図7-2-2**）。キャプションも表示されています。

ややこしそうに感じますが、やっていることは単純です。先のプログラムで、「img」という変数で<img>要素を作成しました。今回はさらに、「caption」という変数の<div>要素（❶）と、「div」という変数の<div>要素（❹）を作りました。そして「caption」には「inner」（❷）、「div」には「photo」（❺）というclass属性を「className」プロパティで指定しました。また「caption」に対して、innerHTMLメソッドでJSONから取得した画像のキャプションと投稿者名を追加しました（❸）。最後に、「appendChild」メソッドを使って「div」の子要素として「img」（❻）と「caption」（❼）を順番に追加していっています。

その後の「getElementById('img_unit').appendChild」のパラメーターが、先程の「img」と変わって「div」になっていることに気をつけましょう（❽）。

図7-2-2

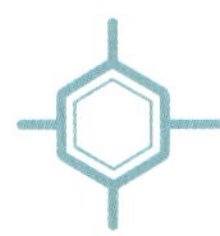

繰り返し構文を使って、全件を表示させる

JSONデータには、データが3件あります。2件目のデータを取り出す場合はインデックスを「1」と指定して、次のようにプログラムを追加しましょう。

index.html

```
01  document.getElementById('img_unit').appendChild(div);
02
03  // 2件目
04  img = document.createElement('img');
05  img.setAttribute('src', images[1].path);
06
07  caption = document.createElement('div');
08  caption.className = 'inner';
09  caption.innerHTML = '<p>' + images[1].caption + '<span>' + images[1].name +
    '</span></p>';
10
11  div = document.createElement('div');
12  div.className = 'photo',
13  div.appendChild(img);
14  div.appendChild(caption);
15  document.getElementById('img_unit').appendChild(div);
16  </script>
```

1件目のプログラムをまるごとコピーして、「images[0]」となっていた部分を「images[1]」に変更しただけです（3箇所）。

こうして、コピーを繰り返せば何件でも表示することができます。ただ、これではプログラムが効率悪くなってしまいます。

繰り返しの処理を行なう ── for構文

このような、繰り返し同じような処理を行うときに便利なのが「for」構文です。今追加したプログラムは一旦削除して、次のように変更していきましょう。

index.html

```
01  ...
02  var img;
03  var caption;
04  var div;
05
06  for (var i=0; i<images.length; i++) {
07    img = document.createElement('img');
08    img.setAttribute('src', images[i].path);
09
10    caption = document.createElement('div');
11    caption.className = 'inner';
12    caption.innerHTML = '<p>' + images[i].caption + '<span>' + images[i].name
    + '</span></p>';
13
14    div = document.createElement('div');
15    div.className = 'photo',
16    div.appendChild(img);
17    div.appendChild(caption);
18
19    document.getElementById('img_unit').appendChild(div);
20  }
```

変更した箇所としては、変数の宣言のあとに、次の記述を追加しました。

```
01  for (var i=0; i<images.length; i++) {
```

この記述は、最後が「{」というかっこの開きで終わっています。このかっこは、プログラムの最後で閉じられます。

```
01    document.getElementById('img_unit').appendChild(div);
02  }
```

もう1つの変更点は、「images[0]」や「images[1]」となっていた箇所が「images[i]」となっています。3箇所あります。

これで、JSONデータの内容をすべて画面上に表示することができるようになりました。JSONデータを増やすと、それにともなって画面上にも自動的に増えるようになります。

for構文を確認する

プログラムの内容を見ていきましょう。for構文は、次のような書式で記述します。

for構文の書式

```
01  for ( 初期化処理 ; 終了条件 ; 更新処理 ) {
02      繰り返ししたい処理
03  }
```

ちょっと複雑な記述の仕方ですが、セミコロン（;）で区切りながら「はじまり（初期化処理）」と「終わり（終了条件）」、そして「繰り返すたびにどう変わるか（更新処理）」を順番に指定します。今回のプログラムを考えてみましょう。

今回は、JSONに入ったデータをすべて画面上に表示したいので、最初のデータ（0番目）が「はじまり」になります。そのため、この「0」を変数に代入することが「初期化処理」になります。変数名はなんでも構いませんが、for構文ではよく「i」という変数名が使われます。初期化処理の書き方は次のようになります。

```
01  for (var i=0;
```

続いて、今回の「終了条件」は「JSONデータの終わりまで」となります。JSONデータの件数は、先の通り「length」プロパティで知ることができます。件数が3件の場合はlengthプロパティで取得できる値は「3」になりますが、インデックスは0から始まるため0、1、2で「2」が3件目となります。そのため、比較演算子（P.211）の「<（未満）」を使います。

```
01  for (var i=0; i<images.length
```

これで、0から2まで繰り返されるようになりました。「どう変わるか」の「更新処理」は、繰り返しのたびに変える内容を指定しますが、今回はiを1ずつ加算したいので、次のいずれかを指定します。

```
01  for (var i=0; i<images; i=i+1) {
02  for (var i=0; i<images; i+=1) {
03  for (var i=0; i<images; i++) {
```

ここでは、3つ目のインクリメント（i++）を使うのが一番簡単ですね。こうして、for構文を記述できました。これで、iという変数が0、1、2と変化をしながら、3回、{}の中に書いた処理を繰り返してくれます。

あとは、この「i」という変数を、繰り返すプログラムの中でもうまく利用していきます。ここでは、配列「images」のインデックスとして指定します。

```
01  images[i]
```

すると、繰り返されるたびにこの変数が0、1、2と変化するため、JSONから取り出したデータを順番に処理することができるというわけです（**図7-2-3**）。

繰り返しの処理は、特に配列を利用するときはよく使われます。非常に便利な構文なので、覚えておくと良いでしょう。

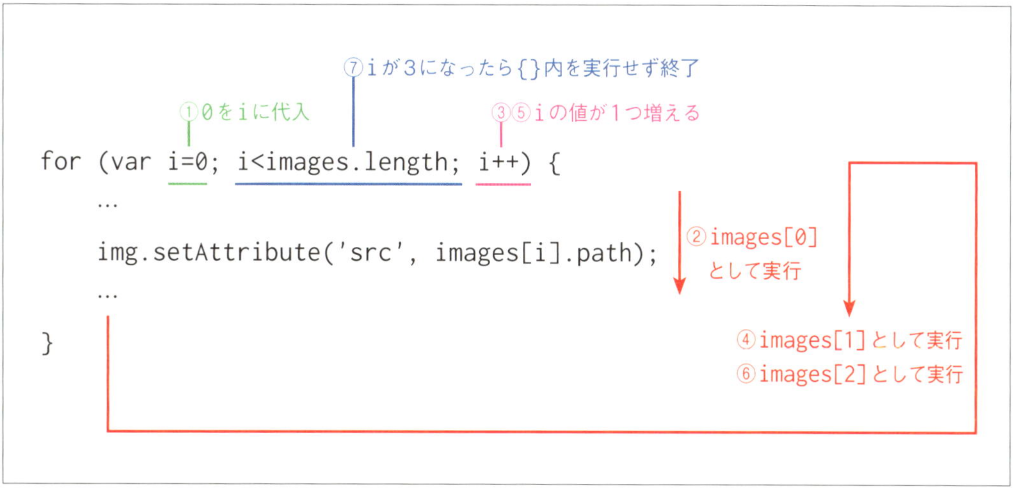

```
for (var i=0; i<images.length; i++) {
    …
    img.setAttribute('src', images[i].path);
    …
}
```

①0をiに代入
②images[0]として実行
③⑤iの値が1つ増える
④images[1]として実行
⑥images[2]として実行
⑦iが3になったら{}内を実行せず終了

図7-2-3

COLUMN

for構文にiが利用される理由

for構文の変数には、iという変数がよく使われます。実際にはaやx、numberなどでも構いませんが、「i」が使われるのは、おそらく「Index」の頭文字だと思われます。
また、for構文を複数使う場合は、続けてj、k、lなどと使われます。

Ajax通信を利用してみよう

SECTION 03

このSectionでは、JSONデータを外部ファイルにして、読み込むようにプログラムを変更してみましょう。「XMLHttpRequest」オブジェクトを使うことで、非同期でデータを読み込むことが可能になります。

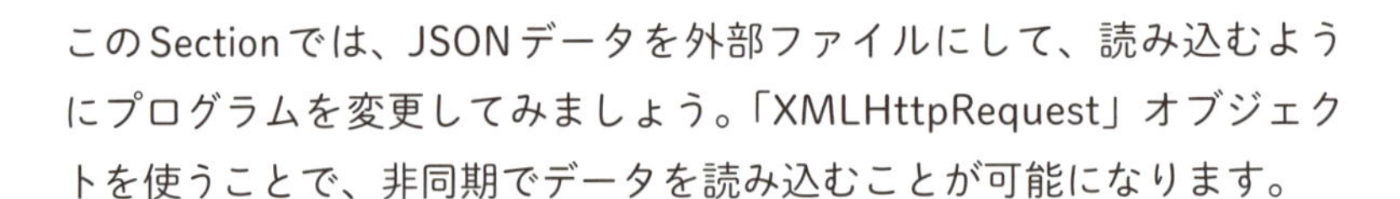

JSONデータを外部ファイルにする

JSONデータを利用する利点は、Section 02までのようにプログラム内に記述している段階では、あまり感じられません。しかし、他のWebサイトとデータをやりとりしようとしたり、他のソフトウェアなどで生成したデータファイルを利用するときに威力を発揮します。ここでは、JSONデータを外部ファイルにして、ファイルを読み込むプログラムを作成してみましょう。

JSONファイルを作成する

JSONファイルは、拡張子を「.json」として通常のエディターソフトなどで作成します。今回は「images.json」として作成しましょう。Section 02までのJSONデータとほぼ同じですが、変数への代入部分などは削除します。作成したら、HTMLと同じ場所に保存しましょう。

images.json

```
01 [
02   {
03     "path": "img/img01.jpg",
04     "name": "sansaisan",
05     "caption": "こっちは貫禄ありすぎ"
```

```
06      },
07      {
08        "path": "img/img02.jpg",
09        "name": "yukky_13dream",
10        "caption": "年明け富士山"
11      },
12      {
13        "path": "img/img03.jpg",
14        "name": "maako",
15        "caption": "空と大地の境界線って、どのあたり？"
16      }
17    ]
```

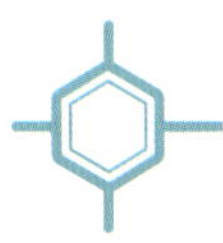

ファイルを読み込む ── XMLHttpRequestオブジェクト

では、このファイルを読み込んでみましょう。ファイルの読み込みには、「XMLHttpRequest」というオブジェクトを使います。「XML」と名前がついていますが、XML以外にもさまざまなデータファイルを扱うことができます。

改めて、次のようなHTMLを準備します。Section 02までで使っていたHTMLから<script>要素を削除した形です。cssファイルや画像ファイルはSection 02のものを使ってください。

index.html

```
01    <!DOCTYPE html>
02    <html lang="ja">
03    <head>
04      <meta charset="UTF-8">
05      <meta name="viewport" content="width=device-width">
06
07      <title>My Photos</title>
08
09      <link href="https://fonts.googleapis.com/css?family=Open+Sans+Condensed:300"
      rel="stylesheet">
```

▶次ページに続く

```
10    <link rel="stylesheet" href="css/style.css">
11  </head>
12
13  <body>
14  <header>
15    <h1>My Photos</h1>
16  </header>
17  <div class="container">
18
19    <div id="img_unit">
20    </div>
21
22  </div>
23  </body>
24  </html>
```

そして、<body>要素の最後に次のように追加しましょう。

index.html

```
01  <script>
02  var ajax = new XMLHttpRequest();
03  ajax.open('GET', 'images.json');
04  ajax.responseType = 'json';
05  ajax.send(null);
06  </script>
```

さて、プログラムの説明をする前に、Webブラウザーにドラッグしてこのプログラムを動作させてみましょう。

実は、このままでは正常に動作しません。デベロッパーツールで [Console] タブを開くと、次のようなエラーメッセージが表示されます。

```
01    XMLHttpRequest cannot load ...images.json. Cross origin requests are only
    supported for protocol schemes: http, data, chrome, chrome-extension, https,
    chrome-extension-resource.
```

これは、セキュリティ上の理由からファイルを読み込むことができないといったエラーメッセージ。Webブラウザーから、自分のコンピューター内のファイルが読み込めてしまうと、悪意のあるプログラムなどが情報を盗み出すようなプログラムを作ってしまうかもしれません。そのため、Webブラウザーは基本的に、コンピューター内のファイルは読めないように設定されているのです。

そのため、このプログラムを動作させるには次のような方法で対処が必要です。

- Webサーバーにファイルをアップロードする
- Webブラウザーの設定を変更して、読み込みができるようにする

ただし、後者の方法はセキュリティ上好ましくないため、ここではWebサーバーを利用してこの問題を解消しましょう。もし、Webサーバーが準備できるようでしたら、このファイル群をアップロードしても構いません。もしすぐには準備できないようでしたら、この書籍のサンプル用に次のURLで JSONファイルにアクセスできるようにしています。この URLを使っても構いません。

- **https://h2o-space.com/htmlbook/images.php**

それでは、このURLを使ってプログラムを作り変えてみましょう。次のようになります。

index.html

```
01  ...
02  var ajax = new XMLHttpRequest();
03  ajax.open('GET', 'https://h2o-space.com/htmlbook/images.php');
04  ajax.responseType = 'json';
05  ajax.send(null);
```

拡張子が「.php」になってしまっていますが、これはセキュリティの特別な設定を行なっているためで、実際にはJSONファイルと同様です。

これで、エラーメッセージが表示されなくなっていれば、まだ画面には何も表示されていませんが、正常にファイルが読めています。プログラムの説明を見ていきましょう。

ファイルとの通信を開く ── open

XMLHttpRequestオブジェクトのインスタンス「ajax」の各メソッドで、JSONファイルを読み込んでいきます。まずは、通信を開始する「openメソッド」に、URLを指定します。1つ目のパラメーターは、P.155で紹介したフォームと同じで、「GET」か「POST」かを指定します。

今回の場合、データをJavaScript側から送信することはありませんので、どちらでも問題はありませんが、通常はこのようなケースでは「GET」を指定しておくと良いでしょう。

値を送信する ── send

1行飛ばして、「send」メソッドを先に見ていきます。openメソッドで開通した通信を使って、データを送信するのが「send」メソッドです。

```
01    ajax.send(null);
```

今回のサンプルプログラムでは、単純にJSONデータを取得するだけなので、パラメーターには「null（ヌル）」と指定しています。nullについて詳しくはコラムを参照してください。

もし実際に他のサービスなどと通信する場合には、決められたデータなどを送信しないと、求めるデータが得られないこともあります。

COLUMN

nullとは

null（ヌル）とは、「なにもない」という意味の単語でプログラミング言語では、明示的になにもないことを示すときによく利用されます。
JavaScriptでも、変数に値がなにも設定されていないときなどに、この「null」という値になることもあります。注意が必要なのは、「null」は文字列ではないため、クオーテーション記号などは伴わずに使います。

悪い例）

```
01    ajax.send('null');
```

この場合は、「nullという文字列」を送信してしまうので気をつけましょう。

COLUMN sendメソッドでパラメーターを指定する場合

もし、sendメソッドでパラメーターを送信する必要がある場合は、次のような形で指定します。

```
01 ajax.send('x=1&y=2&z=3');
```

この場合、「x」と「y」、「z」という3つのパラメーターを指定しています。

受け取るデータを指定する ― responseType

1行戻って「responseType」プロパティについて見ていきます。

sendメソッドを利用すると、指定したURLから「レスポンス」を得ることができます。このとき、JavaScript側でどのような形式で受信するかを指定するのが、responseTypeプロパティです。sendメソッドを利用する前に指定します。

```
01 ajax.responseType = 'json';
```

指定できる値の標準は、「text」で「DOMString」という形式で取得されます。

この他、次のような値を指定できます。いずれも、特殊な形式が多いのでjsonを利用することが多くなるでしょう。

responseTypeプロパティの値	データ型
text	DOMString（省略時の値）
arraybuffer	arraybuffer
blob	blob
document	Document
json	JSON

これで、JSONデータを受信する準備ができました。

データを受信する ──「onreadystatechange」イベント

XMLHttpRequestを使うと、少し特殊な形でデータが受信されるため、「イベント」の形でプログラムを記述します。これは、XMLHttpRequestが標準では「**非同期通信**」であることによるものですが、非同期通信について詳しくはコラムを参照してください。

まずは動かしてみましょう。次のようにプログラムを追加します。

index.html

```
01    ...
02    ajax.responseType = 'json';
03    ajax.send(null);
04
05    ajax.onreadystatechange = function() {
06      if(ajax.readyState === XMLHttpRequest.DONE && ajax.status === 200) {
07        for (var i=0; i<this.response.length; i++) {
08          var data = this.response[i];  ----❶
09
10          var img = document.createElement('img');
11          img.setAttribute('src', data.path);
12
13          var caption = document.createElement('div');
14          caption.className = 'inner';
15          caption.innerHTML = '<p>' + data.caption + '<span>' + data.name +
      '</span></p>';
16
17          var div = document.createElement('div');
18          div.className = 'photo',
19          div.appendChild(img);
20          div.appendChild(caption);
21
22          document.getElementById('img_unit').appendChild(div);
23        }
24      }
25    };
26  </script>
```

これでWebブラウザーで確認すると、画像がキャプション付きで表示されます。1つずつプログラムを見ていきましょう。

onreadystatechangeイベントは、XMLHttpRequestオブジェクトが通信をしている最中に、状況が変化したときに何度も呼び出されるイベントです。通信の状況が変化するたびに、指定したファンクションを呼び出します。そしてこのとき、readyStateプロパティから次のような値を取得することができます。

readyStateプロパティの値（数値）	readyStateプロパティの値（定数）	意味
0	UNSENT	インスタンスができたが、openメソッドはまだ利用されていない
1	OPENED	openメソッドを利用した
2	HEADERS_RECEIVED	sendメソッドが利用され、ヘッダー部分が受信できた
3	LOADING	データを受信中である
4	DONE	通信が終了して、すべてのデータが受信できた

ここでは、データ受信が完了したことを調べるために、次のif構文を挿入します。

```
01  if(ajax.readyState === XMLHttpRequest.DONE) {
```

「readyState」プロパティは、次のように数値で判断するか……

```
01  ajax.readyState === 4
```

次のように、定数という特殊な値を利用することもできます。

```
01  ajax.readyState === XMLHttpRequest.DONE
```

複数の条件を重ねる ── 論理演算子

readStateプロパティが「4（DONE）」になっていても、通信が終わったことしかわからず、データが正常に受信できているかはわかりません。それを調べるには、同じXMLHttpRequestオブジェクトの「status」プロパティを調べます。このプロパティでは、「HTTPレスポンス」というものを知ることができ、正常にデータが受信できた場合は「200」というステータスになります。

つまりここでは、「readyStateプロパティがDONEで、かつstatusが200」の場合に、処理を続行するということになります。こんなときに利用できるのが「論理演算子」です。右の種類があります。

論理演算子

演算子	意味
&&	かつ
||	または
!	否定

これを、複数の条件の間に入れて利用します。ここでは、次のようになります。

```
01  if(ajax.readyState === XMLHttpRequest.DONE && ajax.status === 200) {
```

COLUMN

非同期通信とは

非同期通信とは通信方式の1つで、送信と受信を同時に行える方法です。反対語の「同期通信」は、データの受信をすべて待ってから次の処理を行なうという方式になります。
そのため、通信をしている間はその他の操作は一切行えず、画面が固まったような状態になります。そこで、XMLHttpRequestオブジェクトでは標準で、非同期通信を行なうようになっています（パラメーターによって同期通信に切り替えることもできます）。

非同期通信の場合、「send」メソッドを実行したあとレスポンスを待つことなく、他の処理を行ったりユーザーも画面の操作が可能です。受信する側は状況を常に確認し、データの受信が完了したら、データを処理するというプログラムの流れになります。

このような通信方式を、「Ajax（エージャックス）」と呼ぶこともあります。Ajaxはもともと「Asyncronous JavaScript And XML」の略称で「JavaScriptとXMLを使った非同期（Asyncronous）な通信」といった意味の言葉でしたが、その後、JavaScriptやXMLを利用しなくてもAjaxと呼ばれるようになり、また近年では非同期通信が当たり前になったため、この言葉自体があまり使われなくなってきています。

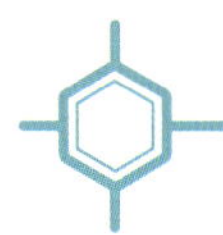

受信内容を示す「response」プロパティと、自分自身を示す「this」

受信した内容は、XMLHttpRequestオブジェクトの「response」プロパティで参照することができます。このとき、今操作している「ajax」と名付けたインスタンスのプロパティを参照するときに使われるのが「this」というキーワードです。

thisは、その名の通り「これ」という意味で、今操作しているインスタンス自身を指すことができます。このプログラムが、ajaxインスタンスの「onreadystatechange」イベント内のプログラムであるため、次のように記述することで（P.272の❶）自分自身が受信した内容を参照できるというわけです。

```
01  this.response
```

受信した内容は、JSONデータの配列になります。そのため、たとえば次のように参照すれば「path」を取り出すことができます。

```
01  this.response[0].path
```

そこで、this.response[i]をいったん「data」という変数に入れ、Section 02のプログラムの「images」という配列を、この「data」に置き換えてプログラムを作成しました。こうして、外部のデータからJSONを受信してプログラムを動作させることができました。

COLUMN

HTTPステータス

HTTPステータスは、Webで一般的に利用されるもので、Webサーバーが状況に応じて特定のコード番号を返却するしくみです。
ページが見つからなかったときの「404エラー」などはご存じかもしれません。他に、代表的なものには右のコードがあります。

ステータスコード	意味
200	正常終了
301	Webページが移動した
401	認証が必要
404	ファイルが見つからなかった
500	内部エラー

jQueryを使ってみよう

SECTION 04

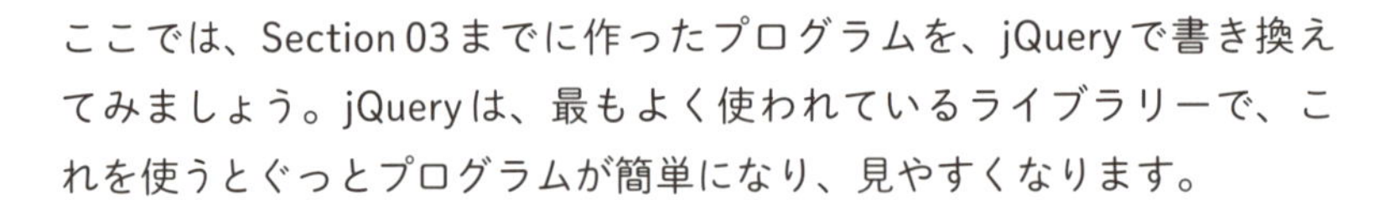

ここでは、Section 03までに作ったプログラムを、jQueryで書き換えてみましょう。jQueryは、最もよく使われているライブラリーで、これを使うとぐっとプログラムが簡単になり、見やすくなります。

jQueryとは

ここまで、JavaScriptを学んできました。JavaScriptは簡単な書式で、さまざまなプログラムを作ることができる、非常に便利なプログラミング言語です。ただし、後半でHTMLの要素を変更したり、Ajax通信を使ったりすると、「手続き」が多くてちょっと面倒に感じた方もいるのではないでしょうか。

そんな、JavaScriptの不便さを解消しようと2006年に誕生したのが、「jQuery（ジェイクエリー）」というJavaScriptライブラリーです。ライブラリー（Library）とは「図書館」という名前の通り、まるで図書館で新しい知識を得るように、JavaScriptに新しい機能を追加するためのミニプログラムのことを言います。

jQueryは、当時いくつか出ていたJavaScriptライブラリーの中でも、簡単さや高機能さから圧倒的な人気を誇り、現在ではほぼ標準で使われるライブラリーとなりました。

本書では、jQueryのすべてを紹介しきることはできませんが、基本的な使い方を紹介します。ここでは、Section 03までに作ったJSON対応画像ビューワーを、jQueryを使って書き直してみます。

次のHTMLを準備しましょう。Section 03までで使っていたHTMLから<script>要素を削除した形です。cssファイルや画像ファイルはSection 03のものを使ってください。

index.html

```
01  <!DOCTYPE html>
02  <html lang="ja">
03  <head>
04    <meta charset="UTF-8">
05    <meta name="viewport" content="width=device-width">
06
07    <title>My Photos</title>
08
09    <link href="https://fonts.googleapis.com/css?family=Open+Sans+Condensed:300"
    rel="stylesheet">
10    <link rel="stylesheet" href="css/style.css">
11  </head>
12
13  <body>
14    <header>
15      <h1>My Photos</h1>
16    </header>
17
18    <div class="container">
19      <div id="img_unit">
20      </div>
21    </div>
22
23  </body>
24  </html>
```

jQueryを使う準備をする

jQueryは、次のWebサイトで無償提供されています（**図7-4-1**）。

・jQuery
https://jquery.com/

右上にある大きな「Download jQuery」ボタンをクリックしましょう。一番上の「Download the compressed, production jQuery X.X.X」とい

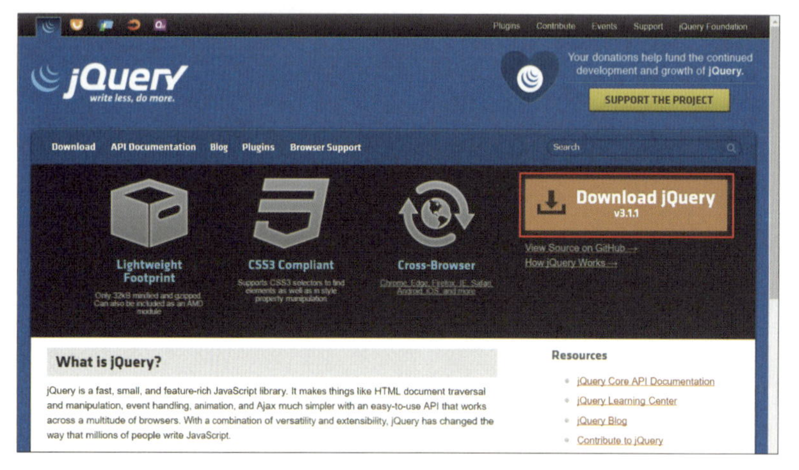

図7-4-1

うボタンをクリックすれば、ファイルがダウンロードできます。また、Bootstrapなどと同様にCDNを利用することもできます。

ここでは、ダウンロードしたファイルをHTMLファイルと同じフォルダーにコピーしましょう。ファイル名からバージョン番号を取り除いて「jquery.min.js」という名前にしました。そうしたら、「js」というフォルダーにコピーして、<body>要素の最後に次のように追加して、ファイルを読み込みます。

index.html

```
01      ...
02      <script src="js/jquery.min.js"></script>
03    </body>
```

これで、jQueryが利用できるようになりました。次のようなプログラムを追加してみましょう。

index.html

```
01      <script src="js/jquery.min.js"></script>
02      <script>
03        $('#img_unit').html('ここに、画像リストが表示されます');
04        $('#img_unit').css('margin-top', '100px');
05      </script>
06    </body>
```

これでWebブラウザーに表示すると、**図7-4-2**のように画面上にメッセージが表示されました。

図7-4-2

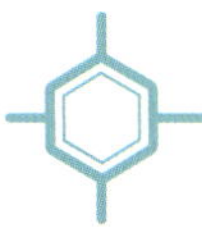

jQueryの書き方を確認する

これまでの、JavaScriptの学習内容がまったく通用しない、かなり独特な書式であることが分かります。

jQueryはこのように、「JavaScriptの基本」はあえて無視して、とにかく直感的に、分かりやすく記述できるのが特徴のライブラリーです。書式を見ていきましょう。

jQueryの基本的な書式

```
01  $(セレクター).メソッド(パラメーター);
```

となります。

先頭が「$」から始まるのが、jQueryの特徴的な書式です。この「$」という記号は、実は「jQuery」という記述のショートカットで、本来は次のように記述します。

```
01  jQuery('#img_unit')...
```

しかし、ほとんどの場合「$」とだけ記述します（例外はP.281のコラム参照）。

jQueryのセレクター

セレクターには、CSSで学んだセレクターがそのまま利用できます。先のサンプルは「#」に続けてid属性を指定しています。つまり、「img_unit」というidを持つ、<div>要素が指定されるという訳です。

たとえば、次のようにCSSで利用できるセレクター（P.091参照）はいずれも利用できます。

```
01  $('.class_name')... // クラスセレクター
02  $('div p')...    // 子孫セレクター
03  $('p:last-child')...     // 疑似クラスセレクター
```

JavaScriptでは、getElementByIdやgetElementsByTagNameなど、選択したい対象によって違うメソッドを使わなくてはいけませんでしたが、jQueryではこの「$」という記号に続けてCSSセレクターを指定すればよいのです。

HTMLの内容を変更・取得する ― html

続いてメソッドです。「html」メソッドは「innerHTML」プロパティに似ています。メソッドにパラメーターを指定すると、「書き換え」という意味のメソッドになります。パラメーターを空にすると、今度は「取得」という意味になります。次のように書き換えてみましょう。

index.html

```
01  $('#img_unit').html('ここに、画像リストが表示されます');
02  alert($('#img_unit').html());
03  $('#img_unit').css('margin-top', '100px');
```

警告ウィンドウに「ここに、画像リストが表示されます」と表示されます（**図7-4-3**）。

パラメーターを空にしたため、設定した内容を取得することができたというわけです。

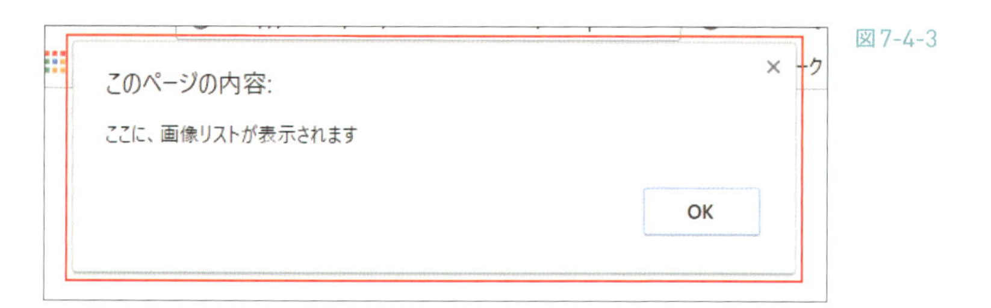

図7-4-3

COLUMN

$が利用できないケース

jQueryを利用するとき、まれに「$」記号が使えない場合があります。それは、他のライブラリーで、既に「$」という記号が使われてしまっている場合。複数のライブラリーを組み合わせて使おうとすると、機能がぶつかってしまうことがあるのです。
そのため、jQueryには「noConflict」というメソッドが準備されています。これをプログラムの先頭で利用することで（jQuery.noConflict();）、「$」という記号を利用しなくし、他のライブラリーとの衝突を避けることができます。この場合、「$」記号は利用できず、「jQuery (...)」という記述を利用します。

CSSの内容を変更・取得する ── css

続いて見ていきます。「css」メソッドはその名の通り、CSSを設定できるメソッドです。先に書いたプログラムを見てみましょう。

```
01  $('#img_unit').css('margin-top', '100px');
```

2つのパラメーターを設定でき、1つ目がCSSのプロパティ、2つ目がその値です。先のプログラムでは、上部の余白を100pxに設定しました。
2つ目を省略すると「取得」になります。以下は2つ目を省略した例です。

例）

```
01  $('#img_unit').css('margin-top');
```

メソッドをつなげられる「メソッドチェーン」

このプログラムは「#img_unit」という<div>要素に対して、htmlメソッドとcssメソッドを利用しました。このように、同じ要素に対する操作の場合、jQueryでは次のように書き換えることができます。先に追加したalertメソッドは削除します。

```
01  <script>
02    $('#img_unit').html('ここに、画像リストが表示されます').css('margin-top', '100px');
03  </script>
```

htmlメソッドに続けて、cssメソッドを記述しました。これにより、最初に指定したセレクターがそのまま利用されて、次のメソッドも実行されます。これを「メソッドチェーン」と言います。

jQueryでは、このように極力同じような記述をなくし、簡単に書けるような工夫が随所にされています。

Ajax通信をしよう — getJSONメソッド

それでは、jQueryを使ってAjax通信をしてみましょう。

Webサーバーで動作させる場合は、Section 03で使ったJSONファイルをコピーしておきましょう。本書用のサンプルデータを使う場合は、なにもしなくて構いません。そうしたら、このJSONファイルを読み込みます。jQueryで読み込むときは「getJSON」メソッドを利用します。ここまでに書いたプログラムは削除して、改めて次のように書き加えましょう（以下は本書のサンプルデータを使う場合の書き方です）。

index.html

```
01      <script src="jquery.min.js"></script>
02      <script>
03      $.getJSON('https://h2o-space.com/htmlbook/images.php', function(data) {
04        alert('データを受信しました');
05      });
06      </script>
07    </body>
```

これで画面を表示すると、少したって「データを受信しました」というメッセージが警告ウィンドウに表示されます（**図7-4-4**）。

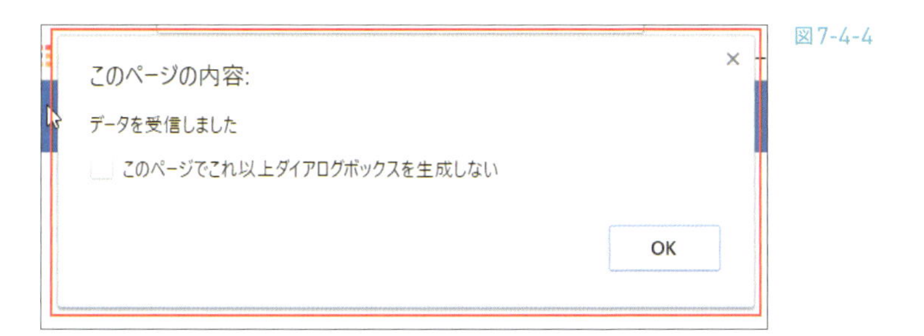

図7-4-4

これで、JSONデータが読み込まれています。前章のプログラムを作った後で見ると、びっくりするほど簡単になっています。書式を見ていきましょう。

$.getJSONの書式

```
01 $.getJSON( ファイルパス , 送信データ , コールバック );
02 $.getJSON( ファイルパス , コールバック );
```

getJSONというメソッドは、jQueryというオブジェクトのメソッドになります。そのため、「jQuery.getJSON」という記述をするか、そのショートカットを使って、「$.getJSON」といった記述をします。

パラメーターの1つ目は、JSONを受信したいURLです。それ以降は、次で説明するように、ケースによってパラメーターの数が異なります。

データを送信したい場合

Section 03で登場した「XMLHttpRequest.send」メソッドと同様で、サーバーにデータを送信したい場合は、2つ目のパラメーターに送信したいデータを指定します。指定の方法は、Section 03と同様で、次のような文字列になります。

例）

```
01 $.getJSON('...', 'a=1&b=2&c=3', ...);
```

そして、3つ目のパラメーターにこの後紹介する「コールバック」を指定します。

送信するデータがない場合

送信するデータがない場合、Section 03で言えば「XMLHttpRequest.send」メソッドのパラメーターを「null」にする場合（P.270）、jQueryではパラメーター自体を指定しなくて良くなります。パラメーターの数が1つ減って2つになります。

今回は、送信するデータがないため2つのパラメーターを指定しました。

コールバックとは

では、2つ目のパラメーター（送信データがある場合は3つ目）である「コールバック」とはなんでしょうか？　これは、「処理が終わったら呼び出すファンクション」になります。

Section 03で紹介したとおり、Ajax通信の場合、通信が終わるまでに時間がかかります。その間、JavaScriptは処理を止めることなく、次のプログラムに移っていきます。Section 03では、「XMLHttpRequest」を使う場合は、「onreadystatechange」イベントを利用しました。

しかし、jQueryではそのような面倒な手続きなしに、パラメーターに直接「終わったら行ないたい処理」を書くだけです。ファンクション名を記述するか、Chapter 6-03（P.222）で紹介した「無名関数」を使います。ここでは、通信が終わると「alert」メソッドで警告ウィンドウが表示するという処理を記述しました。

このとき、無名関数の「function」のあとにパラメーターが設定されていることに気をつけてください。

```
01  $.getJSON(..., function(data) {
02
03  });
```

この「data」に、受信したデータが代入されます。実際にこれを使ってみましょう。

プログラムを仕上げよう

それでは、このコールバックの処理に、Setion 03と同じように、HTMLを組み立てて画面に表示する処理を記述して、仕上げていきましょう。コールバック内を次のように記述します。

index.html

```
01  $.getJSON('https://h2o-space.com/htmlbook/images.php', function(data) {
02    for (var i=0; i<data.length; i++) {
03      $('<div class="photo"></div>') ----❶
04        .append('<img src="' + data[i].path + '">') ----❷
05        .append('<div class="inner"><p>' + data[i].caption + '<span>' + data[i].
    name + '</span></p></div>') ----❸
06        .appendTo('#img_unit'); ----❹
07    }
08  });
```

ほぼ、Section 03までに紹介したJSONデータの扱いと同様です。たとえば「data[0].path」と記述すれば、最初の画像パスを取得できます。

ここでは、for構文を使って配列の内容を精査しながら、値を取り出しています。新しい要素を作ったり、追加したりするのもjQueryっぽい書き方になっています。それぞれ紹介しましょう。

新しい要素を作る — $(要素)

Section 02で登場した「document.createElement」メソッドにあたる処理が、❶にある「$(要素)」という記述です。

たとえば、次のように記述すると……

```
01  $('<div class="photo"></div>')
```

「photo」というclass属性が付いた<div>要素が作られます。あとはセレクターで要素を取得したときと同様に、htmlメソッドやcssメソッドで操作することができます。

要素を追加する — append

要素を追加する「appendChild」メソッドに相当するのが、❷と❸で使っている「append」メソッドです。要素やHTMLを直接指定することができます。ここでは、メソッドチェーンを利用して次々に要素を追加して、次のようなHTMLを作り出しています。

```
01 <div class="photo">
02   <img src="...">
03   <div class="inner"><p>...<span>...</span></p></div>
04 </div>
```

このHTMLは画像1つ分です。実際はこれが3つ作成されます。

こうして作った要素を、実際に画面上に表示するときに利用するのが「appendTo」メソッドです。

自分自身を、指定された要素に追加する — appendTo

❹の「appendTo」メソッドは、「append」メソッドと似ていますが、役割が「逆」になります。つまり、たとえば次のようなプログラムの場合……

```
01 A.append(B);
```

この場合、「Aの要素にBが子要素として追加される」という動作になります。逆に「appendTo」の場合は……

```
01 A.appendTo(B);
```

この場合は、「Bの要素にAが子要素として追加される」という動作になります。これを利用して、メソッドチェーンを使って作り出した要素を直接、

「img_unit」の<div>要素に追加しているというわけです。
そして、for構文によって、繰り返し「appendTo」メソッドが呼ばれるため、写真は一覧となって表示されます。

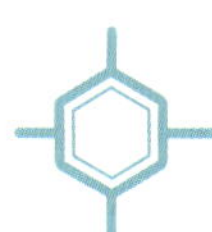

jQueryのメリットとデメリット

jQueryを駆け足に体験してきましたが、かなり新鮮な気持ちになったのではないでしょうか。JavaScriptだと、面倒な手続きが必要なことや、長いメソッド名などを使わなければいけないところを、非常に短く記述することができます。

ここでは紹介しきれませんでしたが、メソッドなども魅力的なものがたくさん用意されていて、ちょっとしたことなら数行程度のプログラムで実現できます。今では、jQueryなしではプログラムが作れないといったプログラマーもいるくらいです。
しかし、jQueryにはデメリットもあります。それは「処理が重い」という点。特に、処理性能が高いPCなどであれば問題にはならないのですが、スマートフォンなどの端末で、Wi-Fiではない通信回線を利用している場合などに、ライブラリーを読み込む時間や処理の時間が、若干気になる場合があります。
そのため、近年では「jQuery依存から脱却しよう」といった流れも見られます。とはいえ、そのような意見を受けて、jQuery自身もファイルサイズを小さくしたり、jQueryがこれからも使い続けられるような改良も加えられています。
今後の動向にも注目しながら、使っていくと良いでしょう。

MEMO

jQueryのメソッドは公式サイトで確認できます。
・http://api.jquery.com/

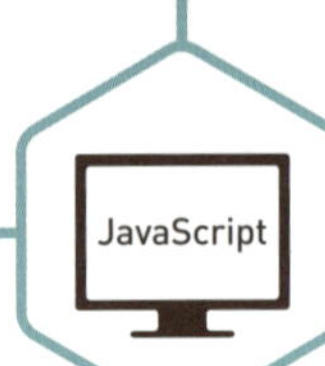

SECTION 05

ビュー構築フレームワーク「Vue.js」を使おう

ここまで作成したプログラムをもとに、今度は「Vue.js」を使用してみましょう。Vue.jsはビュー部分の作成に特化したフレームワークで、これを使うことで、HTMLの生成部分を簡単にすることができます。

Vue.jsとは

jQueryを利用すると、Ajax通信を利用したプログラムが非常に簡単に実現できることが分かりました。しかし、それでも楽にならないのが「HTMLを生成する」部分です。

あらためて、Section 04で作った、HTMLを生成する部分のプログラムを見てみましょう。

index.html

```
01  ...
02  $('<div class="photo"></div>')
03    .append('<img src="' + data[i].path + '">')
04    .append('<div class="inner"><p>' + data[i].caption + '<span>' + data[i].
    name + '</span></p></div>')
05    .appendTo('#img_unit');
06  ...
```

HTMLタグがばらばらになってしまい、最終的にどのようなHTMLができあがるのかが分かりにくいですし、記号も「HTMLタグ内の記号」なのか、「JavaScript内の記号」なのか見分けがつきません。

そこで、近年では「**フレームワーク**」という考え方で、これを解決しようとするアプローチがあります。フレームワークとは「骨組み」や「足場」といった意味で、ライブラリーが「後から付け足して使う」というイメージなのら、フレームワークは「足場として利用して、その上にプログラムを作る」といったイメージです。

GoogleやFacebookなども、これらJavaScriptフレームワークを開発していて、開発競争が激しくなっています。本書では、その中でも、非常に使いやすい「Vue.js」を使って、フレームワーク開発を体験してみましょう。

Vue.jsを使ってみる

Vue.js（ビュー・ジェイエス）とは、プログラムの中でも「ビュー（View）」、つまり見た目の部分に特化して開発されているフレームワークです。他のフレームワークの場合、この他にもデータ管理（Model）や、全体のコントロール（Control）などもフレームワークで管理ができるようにしているものもありますが、Vue.jsでは、そういった部分は通常のJavaScriptを利用したり、または他のフレームワークなどと組み合わせて使うことを想定しています。ビュー部分に特化しているため、シンプルで分かりやすく、使いやすいのが特徴です。

それでは、Vue.jsを使ってみましょう。ここでは、Section 04までに作ったjQueryのプログラムをそのまま使いますので、Section 04のプログラムをコピーするか、本書のサンプルプログラムをベースに開発を進めていきましょう。

Vue.jsを組み込む

Vue.jsは、次のサイトからダウンロードして利用できます。

- Vue.js
  https://jp.vuejs.org/

CDN（Contents Delivery Network）で提供されていますので、次の一文をコピーして、HTMLファイル内に貼り付けるだけで利用できます。

```
01  <script src="https://unpkg.com/vue/dist/vue.js"></script>
```

それではこれを、jQueryを読み込んだ次の行で読み込みましょう。

index.html

```
01  ...
02  <script src="js/jquery.min.js"></script>
03  <script src="https://unpkg.com/vue/dist/vue.js"></script>
04  
05  <script>
06  ...
```

これで準備完了です。

Vue.jsを使ったプログラムを書く

次に、HTML内に次のような記述を追加してみましょう。

index.html

```
01  ...
02  <div id="img_unit">
03  </div>
04  
05  <div id="vue_unit">
06  {{ message }}
07  </div>
```

HTMLタグではない記述が出てきました。この「{{ }}」と、波括弧を2つ重ねた記述は、Vue.jsの「プレースホルダー」と呼ばれる記述で、この記述に対して、Vue.jsは働きかけを行なうことができます。

では、今度は次のようなプログラムを追加しましょう。

```
01  ...
02  <script src="https://unpkg.com/vue/dist/vue.js"></script>
03  
```

```
04  <script>
05  var app = new Vue({
06    el: '#vue_unit',  -----❶
07    data: {
08      message: 'Vue.js で書き換えました'  ----❷
09    }
10  });
11  </script>
12
13  <script>
14  ...
```

画面を表示すると、一番下にメッセージが表示されました（**図7-5-1**）。

図7-5-1

プログラムを見ていきましょう。

「Vue」というオブジェクトから、「app」という名前で**インスタンス**を作りました。しかし、ここでは「app」にはそれほど意味はなく、大切なのは指定したパラメーターです。1つずつ見ていきましょう。

対象の要素を指定する ― el

❶の「el」というキーには、Vue.jsのプレースホルダーが含まれている要素を指定します。ここでは、「vue_unit」というid属性が指定されているため、先ほど追加した<div>要素が対象になりました。

HTMLに反映するデータを作成する ― data

続いて、❷の「data」では、Vue.jsが書き換えるプレースホルダーの内容を指定します。ここでは「message」というキーに対して、「Vue.jsで書き換えました」という内容が指定されています。

これにより、Vue.jsは指定された要素から、キーと同じ名前（message）のプレースホルダーを探し出します。ここでは、<div>要素内に「{{ message }}」という記述が見つかったため、これを指定された内容に置き換えるというわけです。

このように、Vue.jsでは通常通りに書いたHTMLの中を、後から簡単な手続きで書き換えることができます。これなら、HTMLを文字列連結で作成する必要はありませんし、タグもタグとして存在しているため、プログラムを作らないHTMLコーダーやデザイナーでも、なんとなく、なにをやっているかが理解できるでしょう。

ただし欠点としては、プレースホルダーがHTML文書内に記述されているため、Webページのロードに時間がかかると、一瞬プレースホルダーが見えてしまうことがあります。また、万が一JavaScriptが利用できない環境の場合は、プログラムが動作しないため、内容が見えないばかりか、プレースホルダーが表示され続けてしまうという状態になります。

このあたりは、少し割り切って利用する必要があるでしょう。

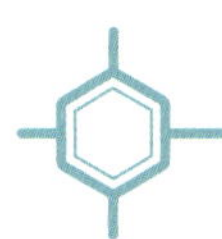

jQueryと組み合わせて利用する

Vue.jsとjQueryは同時に利用することができます。Vue.jsは前述の通り、ビュー部分しか作ることができないため、Ajax通信やJSONを処理する部分は、jQueryを利用するか、JavaScriptで作っていく必要があります。

それでは、いったんここまで作成したHTMLやJavaScriptは削除して(Vue.jsを読み込む記述だけ残して)、次のような状態にしましょう。

index.html

```
01 <!DOCTYPE html>
02 <html lang="ja">
03 <head>
04   <meta charset="UTF-8">
05   <meta name="viewport" content="width=device-width">
06 
07   <title>My Photos</title>
08 
09   <link href="https://fonts.googleapis.com/css?family=Open+Sans+Condensed:300"
   rel="stylesheet">
10   <link rel="stylesheet" href="css/style.css">
11 </head>
12 
13 <body>
14   <header>
15     <h1>My Photos</h1>
16   </header>
17 
18   <div class="container">
19     <div id="img_unit">
20     </div>
21   </div>
22 
23   <script src="js/jquery.min.js"></script>
24   <script src="https://unpkg.com/vue/dist/vue.js"></script>
25 
```

▶次ページに続く

```
26
27    <script>
28    $.getJSON('https://h2o-space.com/htmlbook/images.php',
   function(data) {
29      for (var i=0; i<data.length; i++) {
30        $('<div class="photo"></div>')
31          .append('<img src="' + data[i].path + '">')
32          .append('<div class="inner"><p>' + data[i].caption + '<span>' +
   data[i].name + '</span></p></div>')
33          .appendTo('#img_unit');
34      }
35    });
36    </script>
37
38  </body>
39  </html>
```

HTMLを作成する

ではまずは、今回のフォトギャラリーのHTML部分を作成していきます。「img_unit」の<div>要素内を次のように書き換えます。

index.html

```
01  <div id="img_unit">
02    <div class="photo" v-for="Photo in Photos">  ----❶
03      <img :src="Photo.path">  ----❷
04      <div class="inner"><p>{{Photo.caption}}<span>{{Photo.name}}</span></p>
05    </div>
06  </div>
```

先ほどの基本的なプレースホルダーに加えて、いくつか特殊な記述ができました。紹介していきましょう。

属性をプレースホルダーにする :attr

<img>要素の、「src」属性にプレースホルダーを設置したい場合、どのように書けばよいでしょうか。次のように記述したくなるかもしれません。

```
01  <img src="{{ path }}">
```

しかし、属性の場合はこの記述ができません。次のようなルールで記述します。

Vue.jsを使った、属性でのプレースホルダーの記述

```
01  :属性名=" プレースホルダーのキー（波括弧はなし）"
```

もし、「src」属性を対象としたい場合は、先頭に**コロン**を記述して、値として、ダブルクオテーションの中に直接プレースホルダーのキーを記述します。これを<img>要素のタグに入れて、❷の形になりました。

```
01  :src="Photo.path"
```

繰り返しを表す ── v-for

Vue.jsには、ちょっとしたプログラム的な要素を含むこともできます。

たとえば、プログラム側で「data」として設定する内容次第で、条件によってHTMLの表示をする・しないを制御できる「**v-if**」という記述や、配列で渡された値を繰り返し処理する「**v-for**」などです。❶では、「v-for」を利用しました。

```
01  <div class="photo" v-for="Photo in Photos">
02      上下のタグも含め、この内容が繰り返されます
03  </div>
```

繰り返し表示される

v-forの書式は次の通りです。

v-forの書式

```
01  v-for=" 変数名 in 配列名 "
```

Chapter 1
Chapter 2
Chapter 3
Chapter 4
Chapter 5
Chapter 6
Chapter 7
Appendix

すると、「配列名」に指定した配列の内容が最初（インデックス0）から最後まで、順番に「変数名」に代入されます。

そして、v-forを指定したタグも含め、内部に記述した内容を繰り返し表示します。繰り返すたびに、配列のインデックスは1つずつ自動で増えていきます（**図7-5-2**）。

v-for内部のプログラムについては、後述します。

図7-5-2

Vue.jsにデータを渡す

それでは、いよいよAjax通信によって受信したJSONデータを、Vue.jsに渡します。

次のようなプログラムを作成しましょう。Ajaxの通信部分（$.getJSON）は、Section 04のプログラムが使えるため、コピーなどをうまく使って作成すると良いでしょう。ややこしければ、一度全部消して書き写しても構いません。

```
01  <script>
02  var app = new Vue({
03    el: '#img_unit',
04    data: {                    ---❶
05      Photos: []
06    },
07    created: function() {  ----❷
08      var self = this;
```

```
09        $.getJSON(' https://h2o-space.com/htmlbook/images.php ', function(data) {
10          self.Photos = data;
11        });
12      }
13    });
14    </script>
```

これで完成です。index.htmlをWebブラウザーで表示すると、Section 04までと同様にフォトギャラリーが表示されています（**図7-5-3**）。

図7-5-3

それでは、プログラムを見ていきましょう。冒頭の❶の記述は、先のサンプルとほぼ同じです。

```
01    var app = new Vue({
02      el: '#img_unit',
03      data: {
04        Photos: []
05      },
```

今回は、プレースホルダーの対象を「img_unit」というid属性の要素、dataとしては「Photos」という空の配列を準備しています。先ほどHTML内に「v-for」で記述した配列「Photos」に入れる内容を、ここで指定しています。ただし、今はまだ内容が空です。ここに、Ajax通信によってデータが格納されていきます。

インスタンス作成時に実行される処理 ── created

今回は、さらにパラメーターが続きます。❷の「created」というキーには、その名の通り「インスタンスが作成されるとき」に実行されるファンクション（つまりコンストラクター）を記述することができます。

ここでは、インスタンスが作られるときに、Ajax通信によってデータを受信するというプログラムを作成しています。

```
01  ...
02  created: function() {
03    var self = this;  ----❸
04    $.getJSON(' https://h2o-space.com/htmlbook/images.php', function(data) {
05      self.Photos = data;  ----❹
06    });
07  }
```

jQueryの「$.getJSON」メソッドを使ってJSONデータを読み出すところは、Section 04と同様です。その前の❸の記述に注目しましょう。

```
01  var self = this;
```

「self」という変数を準備し、「this」を代入しています。これはなんのために行っている作業でしょうか？　ここで「$.getJSON」メソッド内の❹を見てみます。

```
01  self.Photos = data;
```

「$.getJSON」メソッドで受け取ったJSONデータは、P.284で説明したとおり、無名関数の「funcion(data)」と記述した「data」という変数によって受け渡されます。これを❹で、先ほどあらかじめ準備しておいた「Photos」というVue.js用の配列に移し替えています。

ここで、「self」という記述が出てきます。

「this」という記述は、Section 03のP.275で紹介したとおり「自分自身」を指し示す記述です。この「self.Photos = data;」というプログラムは、Vueオブジェクトのコンストラクターの内部であるため、本来は次のように記述できるはずです。

```
01    this.Photos = data;
```

これで「this」がVueのオブジェクトを示せば問題はないのですが、jQueryと組み合わせるとこれがうまくいきません。

このプログラムはコンストラクターの内部ですが、さらにjQueryのコールバックファンクションの内部であるため、ここで「this」とした場合は、jQueryのオブジェクトを示してしまいます。そのため、ここではコールバックが呼び出される前に❸で「this」を「self」に代入して、thisが上書きされても良いように「退避」させています。selfという変数名は、実際にはなんでも構いません。

```
01    var self = this;
```

これなら、jQueryの中で「self」という記述を使うことで、きちんとVue.jsを指し示すことができます。このような「this」の移し替えはよくやるテクニックなので、覚えておくと良いでしょう。

これで、Vue.jsの準備は完了です。

JSONをVue.jsで扱う

プレースホルダー内では、先の通り「v-for」という記述によって繰り返し処理が行なわれます。P.294の❶のv-forの内容を確認してみましょう。

```
01  Photo in Photos
```

先のプログラムで「Photos」という配列にJSONの内容が格納されています。これを「Photo in」という記述で、1件ずつ取り出して「Photo」という変数に代入しています。そのため、繰り返しの中ではこの変数を使って、JSONの内容を参照することができます。たとえば画像パスを取り出す場合は、次のようになります。

```
01  Photo.path
```

プレースホルダーをもう一度見てみましょう。

index.html

```
01  <div class="photo" v-for="Photo in Photos">
02    <img :src="Photo.path">
03    <div class="inner"><p>{{Photo.caption}}<span>{{Photo.name}}</span></p>
04  </div>
```

これで、Vue.jsを使ったプログラムの完成です。

Vue.jsを利用すると、HTMLをキレイな状態に保ったまま、ダイナミックに変化するWebを作成することが容易になります。
日本語に翻訳された公式サイトもあるため、ガイドなどを見ながら使い方を学ぶとよいでしょう。

- **https://jp.vuejs.org/**

ADVANCED

Emmetを利用しよう

HTMLをたくさん書いていると、タグを書くのが意外と大変なことに気がつきます。
開きタグと閉じタグを打ち込まなければならなかったり、「<」や「>」、「"」といった記号を打ち込むたびに[Shift]キーを押し込まなければならなかったり、インデントを適切につけたり……。
そんなコーディング作業（HTML/CSSを記述する作業）を軽減してくれるのが「Emmet（エメット）」です。Emmetはエディター向けの「プラグイン」として提供されていて、自分が使っているエディターに追加することで、この「Emmet」という記述方法が利用できるようになります。ただし、VSCodeの場合は、標準で利用できるようになっています。早速使ってみましょう。

Emmetのキホンのキホン

VSCodeで新しいファイルを作成し、「index.html」といった名前で保存しましょう。Emmetは言語モード（Chapter 2のP.028参照）が「HTML」でなければ動作しませんので気をつけましょう。そうしたら、ファイルに次のように記述します。

```
01 p
```

そして、[Tab]キーを押してみましょう。すると、エディターには次のように表示されます。

```
01 <p></p>
```

さらに、テキストカーソルがタグの間に移動するので、すぐに内容を書き始めることができます。
Emmetはこのようにタグの前後の記号や閉じタグなどを記述することなく、要素名だけを記述して「Tab」キーを押せば、タグが展開されるという便利な記述法なのです。
なお、エディターソフトによっては展開するためのキーが違う場合があります。

id属性、class属性を付加する

Aのように打ち込んで、それぞれ[Tab]キーを押してみましょう。Bのように展開されます。

A)

```
01 p#container
02 p.box1
```

B)

```
01 <p id="container"></p>
02 <p class="box1"></p>
```

CSSのセレクターと同様に、idなら「#」、クラスなら「.」を入力し、続けて付加したい属性値を指定すると一緒に付加されます。
また、波括弧で囲むと要素の内容を指定することもできます。

```
01 a{ 詳しくはこちら }
```

▶次ページに続く

さらに、角括弧では属性を指定することもできます。

```
01  a[href=detail.html]{ 詳しくはこちら }
```

階層を示す、繰り返す

Cのように記述し、[Tab] キーを押して展開しましょう。Dのように展開されます。

C)

```
01  ul>li*3
```

D)

```
01  <ul>
02    <li></li>
03    <li></li>
04    <li></li>
05  </ul>
```

「>」という記号は、「1階層下に」という意味を持ちます。そのため、<ul>要素の下に<li>要素を一気に展開することができました。また「*」は、JavaScriptの「かけ算」に似た記号ですが、「繰り返す」という記号で、その後に数字を指定することで、その数だけ繰り返し、同じタグを記述することができます。
また、同じ階層に他のタグを記述する場合はEのように「+」が使えます。Fのようになります。

E)

```
01  h2+div
```

F)

```
01  <h2></h2>
02  <div></div>
```

また、階層を上がりたい場合はGのように「^」を利用できます。Hのようになります。

G)

```
01  ul>li^p
```

H)

```
01  <ul>
02    <li></li>
03  </ul>
04  <p></p>
```

まとめて指定

たとえば、LのようなHTMLを作りたいとします。この場合Iのように記述してしまうと、Jのように<dd>要素だけが3回繰り返されます。Lのように<dt>要素も合わせて繰り返したい場合は、Kのように、かっこで囲みます。

I)

```
01  dl>dt+dd*3
```

K)

```
01  dl>(dt+dd)*3
```

J)

```
01  <dl>
02    <dt></dt>
03    <dd></dd>
04    <dd></dd>
05    <dd></dd>
06  </dl>
```

L)

```
01  <dl>
02    <dt></dt>
03    <dd></dd>
04    <dt></dt>
05    <dd></dd>
06    <dt></dt>
07    <dd></dd>
08  </dl>
```

特別な値を指定する

一部のタグには、特別なオプションが準備されている場合があります。たとえば、<input>要素の場合、Mのように記述すると、それぞれNのように展開されます。

M)

```
01  input:email
02  input:checkbox
03  input:radio
```

N)

```
01  <input type="email" name="" id="">
02  <input type="checkbox" name="" id="">
03  <input type="radio" name="" id="">
```

また、実は「:checkbox」は「:c」、「:radio」は「:r」と短くすることもできます。

```
01  input:c
02  input:r
```

この他にも、Emmetには数多くの書き方が存在します。また、CSSにもEmmetは有効で、「t」で「top:」、「bgc」で「background-color:」が展開できるなど、覚えれば非常に早くコーディングを行なうことができるようになります。
以下にチートシート（早見表）がありますので、書き方を確認しながら、少しずつ使ってみると良いでしょう。

- http://docs.emmet.io/cheat-sheet/

ADVANCED　Node.jsを利用しよう

Node.js（ノード・ジェイエス）とは、公式の説明では「Chrome V8 JavaScriptエンジンで動作するJavaScript環境」となります。簡単にいえば、JavaScriptでさまざまなソフトウェアを開発できるようにした「プラットフォーム」で、現在ではこのNode.jsをベースに、Web開発に欠かせないソフトウェアなども続々と開発されています。
ここでは、この後紹介する「Sass（サス）」や「TypeScript（タイプスクリプト）」を利用するために、このNode.jsをインストールしてみましょう。まずは、次の公式サイトにアクセスをします。

・Node.js　https://nodejs.org/ja/

アクセスしたプラットフォームにあったダウンロードボタンが表示されますので、クリックしましょう。複数のバージョンが表示される場合、LTS（推奨版）をクリックすると良いでしょう。最新版の方はまだ、各ソフトウェアが対応していない可能性があります。
ダウンロードしたファイルを、ダブルクリックすればセットアッププログラムが起動しますので、画面に沿ってセットアップを進めていきます。ここから先は、使っている環境によって操作が変わってきます。

・Windowsの場合

スタートボタンをクリックし、プログラムメニューから「Node.js→Node.js command prompt」をクリックします。**図A-1**のような、黒い画面が表示されます。

```
Node.js command prompt
Your environment has been set up for using Node.js 6.9.4 (x64) and npm.

C:¥Users¥makot>
```

図A-1

・macOSの場合

Finderを起動したら、「アプリケーション→ユーティリティ→ターミナル」の順に辿って、ターミナルを起動します。**図A-2**のような画面が表示されます。

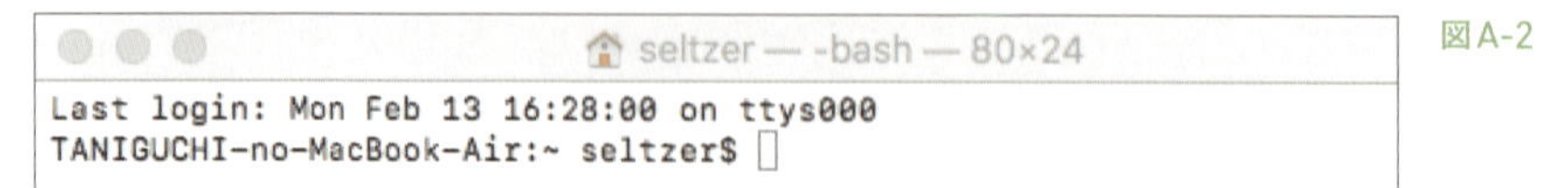

図A-2

ここからはWindows、macOS共通の操作になります。上で起動させた画面で、次のように打ち込んでみましょう。

```
01　node -v
```

インストールされているNode.jsのバージョン番号が表示されます。これで、正しくインストールできていることが確認できました。

VS Codeで統合ターミナルを起動しよう

実は、VS Codeには「統合ターミナル」と呼ばれる、コマンドプロンプトやターミナルと同様の機能が搭載されています。これを表示してみましょう。メニューから、「表示→統合ターミナル」を選びます。
すると、画面下に**図A-3**のようなパネルが表示されます。ここに、先と同じように打ち込むと、バージョンが表示されます。これ以降は、VS Codeの統合ターミナルを使って作業していきましょう。

図A-3

```
端末

Microsoft Windows [Version 10.0.14986]
(c) 2016 Microsoft Corporation. All rights reserved.

C:\Users\makot>
```

npmを利用しよう

Node.jsで作成されたソフトウェアは、通常「npm」と呼ばれるコマンドを利用してインストールなどの作業を行います。npmは「パッケージマネージャー（Package Manager)」と呼ばれるもので、Node.jsベースのソフトの管理を行なうためのコマンドになります。
npmは、標準で利用できるようになっています。統合ターミナルに、次のように打ち込んでみましょう。

```
01    npm -v
```

バージョン番号が表示されれば、利用することができるようになっています。次のコラムに進んでいきましょう。

ADVANCED

Sassを利用しよう

先のコラムで紹介した「npm」を使ってはじめに利用するのは、「Sass（サス)」です。本書で紹介したとおり、CSSはWebページやアプリを作る際、スタイルを調整するために広く利用されています。大規模なサイトやソフトを作るにあたり、CSSのファイルも大規模になっていき、その管理が煩雑になってきました。

たとえば、CSSには次のような欠点があります。

- **セレクターの階層構造が複雑になってくると、同じようなことを何度も記述しなければならない**

▶次ページに続く

```
01  .container h2 {
02      ...
03  }
04  .container h2 span {
05      ...
06  }
07  .container p strong {
08  
09  }
```

・変数が利用できず、同じような値を何度も記述する必要がある

JavaScriptと異なり、CSSには「変数」の概念がありません。
そのため、たとえば複数の場所の余白を同じ値に統一したい場合なども、何度も同じ記述をする必要があります。

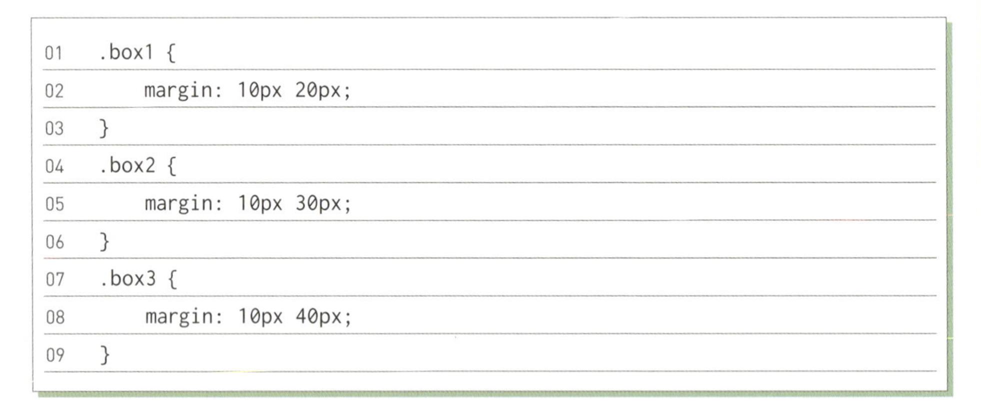

```
01  .box1 {
02      margin: 10px 20px;
03  }
04  .box2 {
05      margin: 10px 30px;
06  }
07  .box3 {
08      margin: 10px 40px;
09  }
```

このような、CSSの欠点を解決し、より大規模な開発などでも利用できるようにしようという動きがありました。しかし、CSSの仕様を拡張するのは非常に大変です。
なぜなら、仕様が策定した後、Webブラウザーベンダーがそれを実装し、できあがった新しいWebブラウザーのバージョンが、広く一般的に利用されるようになるまで、しっかり利用することができません。

そこで、別の方法で解決することにしました。それが「CSSプリプロセッサー」という考え方です。「プリプロセス（Pre-Process）」とは、「あらかじめ処理を行なう」ことを指し、CSSとは別の言語で記述したものを、CSSに変換（プリプロセス）するという手順を踏みます。まずは、少し体験してみましょう。

新しいエディターを開き、次のようなHTMLを「index.html」という名前で準備しましょう。

index.html

```
<!DOCTYPE html>
<html>
<head>
  <meta charset="UTF-8">
  <meta name="viewport" content="width=device-width">
  <title>入会申込み</title>

  <link rel="stylesheet" href="style.css">
</head>
<body>
  <div class="content">
    <h1>入会申込み</h1>
    <p>入会するには、次のフォームに必要事項をご記入下さい。</p>
  </div>
</body>
</html>
```

続いて、同じフォルダーにファイルを作成し「style.scss」というファイル名で保存します。ここで、拡張子が「.scss」になっていることに気をつけましょう。次のように打ち込みます。

style.scss

```
$mainColor: #4267B2;

body {
  margin: 0;
  padding: 0;
}
.content {
  margin: 0;
  padding: 0;

  h1 {
    margin: 0;
    font-size: 18px;
    background-color: $mainColor;
```

▶次ページに続く

```
15        color: #fff;
16        padding: 10px 30px;
17      }
18
19      p {
20        color: $mainColor;
21        margin: 30px;
22      }
23    }
```

CSSに似ていますが、少し変わった記述があります。まずは気にせず、書き写してみてください。それでは、これをプリプロセッサーにかけていきます。

node-sassをインストールする

先ほど記述したのは「Sass」と呼ばれる特殊な書式のファイルです。これを、通常のCSSに変換するには変換プログラムにかける必要があります。変換プログラムにはいくつか種類がありますが、ここでは「node-sass」を利用してみましょう。
まず、VSCodeで次のように操作しましょう。メニューから「ファイル→フォルダーを開く」を選び、先ほど「index.html」と「style.scss」を作成したディレクトリーを選んで「開く」ボタンをクリックします。画面の左側にエクスプローラーパネルが表示されていればOKです。

この状態でメニューから「表示→統合ターミナル」を開いてみましょう。すると、統合ターミナルが開いたときに、自動的に今VSCodeで開いているディレクトリーが選ばれます。こうしないと、統合ターミナルを開いたときにホームディレクトリー(ユーザーディレクトリーのトップ)が選ばれてしまうので気をつけましょう。
それでは、統合ターミナルに次のように打ち込んでみましょう。

```
01  npm init
```

すると、英文で表示された後、いくつか質問文が表示されます。ここでは、パッケージを作るときの設定を行ないますが、ここでは練習なのでなにも入力せずに、何度か[Enter]キーを押していくだけで良いでしょう。
最後に、**図A-4**の状態になっていれば完了です。

```
{
  "name": "10-3",
  "version": "1.0.0",
  "description": "",
  "main": "index.js",
  "scripts": {
    "test": "echo \"Error: no test specified\" && exit 1"
  },
  "author": "",
  "license": "ISC"
}


Is this ok? (yes)
PS C:\Users\makot\Desktop\10-3>
```

図A-4

「package.json」というファイルが自動的に生成されますが、これは削除しないようにしておきましょう。続いて、次のように打ち込みます。

```
01  npm install --save-dev node-sass
```

すると、さまざまなメッセージが表示され、しばらくすると**図A-5**のようになります。警告が出ていますが、ここでは問題ありません。これで、インストール完了です。

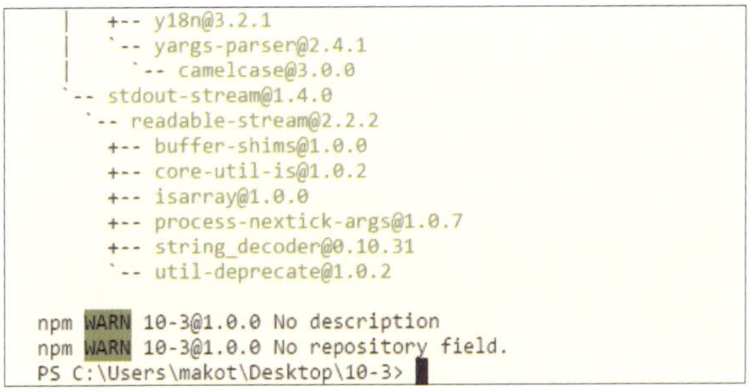

```
   |   +-- y18n@3.2.1
   |   `-- yargs-parser@2.4.1
   |     `-- camelcase@3.0.0
   `-- stdout-stream@1.4.0
     `-- readable-stream@2.2.2
       +-- buffer-shims@1.0.0
       +-- core-util-is@1.0.2
       +-- isarray@1.0.0
       +-- process-nextick-args@1.0.7
       +-- string_decoder@0.10.31
       `-- util-deprecate@1.0.2

npm WARN 10-3@1.0.0 No description
npm WARN 10-3@1.0.0 No repository field.
PS C:\Users\makot\Desktop\10-3>
```

図A-5

ここでは、「node-sass」というパッケージをインストールするために「npm install」というコマンドを利用しました。「--save-dev」というのは、後から再利用しやすいように記憶するといった意味で、インストールの情報が先ほど作られた「package.json」ファイルに書き込まれます。特殊な場合を除いて、付加しておくと良いでしょう。
これで、「node-sass」が利用できるようになりました。

SassをCSSに変換しよう

それでは、先ほど作成したSassのファイルを、CSSに変換します。統合ターミナルに次のように打ち込みましょう。「¥」のところは、macOSでは「/」(バックスラッシュ)を入力します。

```
01  node_modules¥.bin¥node-sass style.scss style.css
```

図A-6のように表示されていれば、変換完了です。「style.css」というファイルができあがっていることが確認できます。これで、index.htmlをWebブラウザーで表示すると、スタイルが整っていることも確認できます(**図A-7**)。

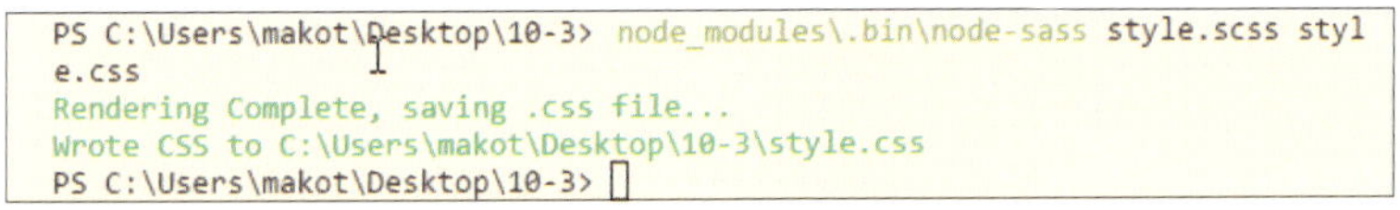

```
PS C:\Users\makot\Desktop\10-3> node_modules\.bin\node-sass style.scss styl
e.css
Rendering Complete, saving .css file...
Wrote CSS to C:\Users\makot\Desktop\10-3\style.css
PS C:\Users\makot\Desktop\10-3>
```

図A-6

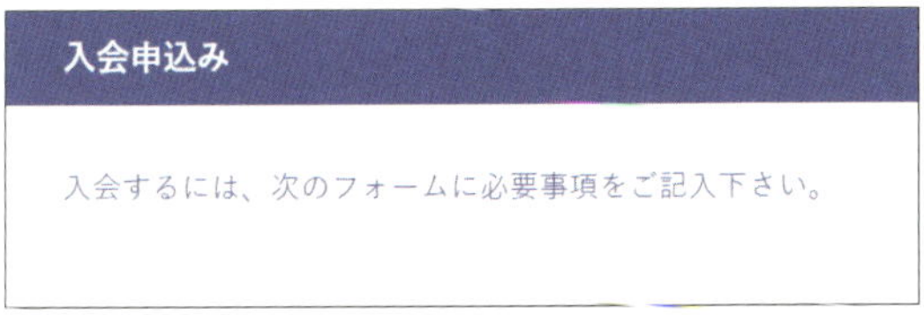

入会申込み

入会するには、次のフォームに必要事項をご記入下さい。

図A-7

▶次ページに続く

Sassの特徴1：階層構造

それでは、Sassについて学んでいきましょう。Sassで特徴的なのは、次の部分です。

```
01  .content {
02    ...
03    h1 {
04      ...
05    }
06
07    p {
08      ...
09    }
10  }
```

P.307の元のSCSSでは、「.content」の定義の中に「h1」や「p」の定義が「入れ子」になっています。これを、node-sassで変換すると、次のようなCSSになります。

```
01  .content {
02    ...
03  }
04  .content h1 {
05    ...
06  }
07  .content p {
08    ...
09  }
```

つまり、セレクターで階層を表わす記述を、入れ子にすることで表わすことができるのです。これにより、何度も同じセレクターを記述するのを防ぐことができます。また、次のように「&」という記号を利用することで、同じセレクターのクラス属性の違うものなどを記述することもできます。

```
01  p {
02    ...
03    &.active {
04      ...
05    }
06  }
```

これを変換すると、以下のようなCSSになります。

```
01  p {
02    ...
03  }
04  p.active {
05    ...
06  }
```

Sassの特徴2: 変数

SCSSの次の記述に注目しましょう。

```
01  $mainColor: #4267B2;
```

これも、CSSにはない記述です。これ自体は、CSSに変換してもなにも起こらず、この行は消えてしまいます。しかし、次の記述を見てみましょう。

```
01  h1 {
02    ...
03    background-color: $mainColor;
04  }
05  p {
06    color: $mainColor;
07    ...
08  }
```

これを変換すると、CSSでは次のように先ほどの内容が反映されます。

```
01  h1 {
02    ...
03    background-color: #4267B2;
04  }
05  p {
06    color: #4267B2;
07    ...
08  }
```

▶次ページに続く

つまり、「#4267B2」というカラーコードをいったん「$mainColor」という「変数」に代入しておき、それを各要素に統一して記述したというわけです。
こうしておけば、もしメインとして利用したい色が変わった場合に、変数の内容を変更するだけで、全体を一括して変更することができるようになります。変え忘れなどを防ぐことができますね。

この他、余白などを記憶しておくこともでき、その場合はさらに「四則演算」を行なうこともできます。

```
01  $normalMargin: 10px;
02
03  h1 {
04    margin: $normalMargin;
05  }
06  p {
07    margin: $normalMargin * 2;
08  }
```

これを変換すると、次のようになります。

```
01  h1 {
02    margin: 10px;
03  }
04  p {
05    margin: 20px;
06  }
```

「$normalMargin」という変数に対し、<p>要素の方は2倍にして設定しているわけです。これなら、変数を変えるだけで相対的に各要素を変えることができます。

Sassは、このようにCSSにJavaScript的なプログラミング要素を取り入れ、効率よく開発が行えるように改良されています。この他にも、「mixin」という関数的な役割や、「extend」というクラスの継承的な機能など、幅広い機能が利用できます。Sassだけで1冊の書籍になるほどの知識が必要になるので、利用しながら少しずつ学習していくと良いでしょう。

ADVANCED CSSプリプロセッサーの歴史

CSSプリプロセッサーには、Sassの他にも次のような種類があります。

- Less（レス）
- Sass（サス・Sass記法）
- Stylus（スタイラス）

それぞれに特徴があり、開発競争がされていましたが、2017年現在では、この中で「Sass」が一般的に利用されています。Sassには、「Sass記法」と呼ばれる基本的な記法と、それを改良した「SCSS（エスシーエスエス）記法」というものがあり、本書で紹介したのは、後者の「SCSS」です。

SCSSは、従来のCSSと互換性のある記法を採用することで、非常に扱いやすく、学習の敷居も低くなりました。これから学習するには、Sass（SCSS記法）が最も学習しやすいでしょう。

ADVANCED TypeScriptで始めるES20XX

JavaScriptというスクリプト言語は、もともとはNetscape（ネットスケープ）という1つのWebブラウザーに搭載されただけのスクリプト言語でしたが、手軽さから人気が出て、国際標準化団体「Ecmaインターナショナル」によって「ECMAScript（エクマスクリプト）」という名前で標準化されました。
「標準化」がされると、その仕様を使って各社が自由に実装することができるようになり、JavaScriptはより広く利用されるようになってきています。
その、ECMAScriptはHTMLやCSSと同じように、新しい仕様が常に策定されており、次世代のECMAScriptを生み出しています。2017年現在、ECMAScriptの最新仕様は「ECMAScript2016」となっていて、略して「ES2016」などと呼ばれます。今後も、「ES2017」、「ES2018」などと策定されていくでしょう。
ただし、新しい仕様が勧告されたからといって、すぐに利用できるわけではありません。各Webブラウザーベンダーが実装し、さらにその新しいWebブラウザーが一般の方々に浸透するまでは利用しにくいのです（なお、本書ではここまで、一般的なWebブラウザーで利用できる仕様に絞って紹介してきました）。
そこで、最新仕様をできるだけ早く使えるように「トランスパイラー（Transpiler）」というツールが登場しました。BabelやBubleなど、いくつかの種類がありますが、ここではMicrosoftが開発した「TypeScript（タイプスクリプト）」を紹介しましょう。

TypeScriptとは

TypeScriptは、実際にはMicrosoftが開発したプログラミング言語の名前で、JavaScript（ES2016）と互換性のある新しい言語仕様です。JavaScriptが大規模な開発に適していない欠点を補い、大規模開発が可能なプログラミング言語として開発が進められています。
Microsoftが開発したといっても、オープンソースで開発されているため、macOSなどのWindows以外のプラットフォームもサポートしていて、非常に注目度も高くなっています。ここでは、先にインストールしたNode.jsを利用してTypeScriptをインストールし、ES2016の新しい仕様をいくつか体験してみましょう。

TypeScriptをインストールする

適当な場所に、新しいフォルダーを作成し、VSCodeでフォルダーを開きましょう。「表示→統合ターミナル」で統合ターミナルを起動したら、次のように入力してTypeScriptをインストールします。

▶次ページに続く

```
01  npm init
```

いくつか質問が表示されますが、[Enter] キーを数回押して進んでいきます。続いて、次のように打ち込みましょう。

```
01  npm install --save-dev TypeScript
```

少し待てば、インストールが完了します。次のように打ち込んで、インストールされていることを確認しましょう。

```
01  tsc -v
```

これで、TypeScriptが利用できるようになりました。

TypeScript（ES2016）を利用してみよう

それでは、まずHTMLファイルとCSSファイルを準備してください。適当なフォルダーを作成し、このコラム用のサンプルファイルをコピーしてください。 <script>要素で、index.jsというファイルを読み込んでいる点以外は、Chapter 5の冒頭（P.179 〜 180）のサンプルとほぼ同じ内容です。
それでは、ここにプログラムを作成していきます。HTMLファイルと同じ場所に、新しいファイルを作成し「index.ts」というファイル名で保存します。そうしたら、次のようにプログラムを打ち込んでいきましょう。

index.ts

```
01  let today = new Date();
02  let [year, month, day] = [today.getFullYear(), today.getMonth()+1,
    today.getDate()];
03
04  document.getElementById('date').innerHTML = `${year}/${month}/${day}`;
```

見慣れない記述が次々に出てきました。なお、ここで登場したシングルクオーテーションに似た記号は、「バッククオート」という記号で、[Shift] キーを押しながら「@」のキーを押すと出てきます。

ひとまず動作をさせてみましょう。今作成したファイルは、拡張子が「.ts」となっています（TypeScriptの略）ので、このままでは動作しません。これを、トランスパイルします。統合ターミナルに次のように打ち込みましょう。

```
01 tsc index.ts
```

こうしてしばらく待つと、同じフォルダーに「index.js」ができあがります。HTMLでは、既にこのファイルを読み込む記述がされているため、このまま「index.html」をWebブラウザーで表示させてみましょう。**図A-8**のように、今日の日付が表示されます。

TODAY

2017/2/14

図A-8

できあがったJavaScriptを確認すると次のようになっています。

index.js

```
01 var today = new Date();
02 var _a = [today.getFullYear(), today.getMonth() + 1, today.getDate()],
   year = _a[0], month = _a[1], day = _a[2];
03 document.getElementById('date').innerHTML = year + "/" + month + "/" +
   day;
```

これなら見慣れているのではないでしょうか。TypeScriptは、ECMAScriptの新しい記述を、JavaScriptの書き方に変換します。

変数宣言 ── let、const

JavaScriptではこれまで、変数宣言には「var」という記述が使われてきました。ESの新しい仕様では、これに加えて「let」と「const」という宣言を使うことができます。トランスパイルをすると、「var」に変換されます。
では、これらを利用するメリットはなんでしょうか？　それは「エラーを表示することができる」ということです。index.tsに次のように追加してみましょう。

```
01 const PI = 3.14;
02 PI = 123;
03
04 let today = new Date();
05 ...
```

「const」を使って変数を宣言しています。これは「定数」の宣言に使われます。
このスクリプトを、トランスパイルしてみましょう。次のようなエラーメッセージが表示されます。

```
01 > index.ts(2,1): error TS2540: Cannot assign to 'PI' because it is a
   constant or a read-only property.
```

▶次ページに続く

これは、変数（定数）「PI」は変更できないというエラーメッセージです。また、letはP.229で紹介した「スコープ」がより適切に設定されます（if構文や、for構文内で宣言された場合は、そのブロックだけがスコープになります）。varも引き続き利用できますが、特別な理由がなければletを利用し、後から変更したくない値には「const」を利用することができます。

分割代入

次の記述を見ていきましょう。

```
01    let [year, month, day] = [today.getFullYear(), today.getMonth()+1,
      today.getDate()];
```

これは、「year」「month」「day」という3つの変数を宣言し、その中にDateオブジェクトをインスタンス化した「today」から取得した、「getFullYear」「getMonth」「getDate」のそれぞれのメソッドの返り値を代入しています。このように、関連した複数の変数に、一度に値を代入することができます。
JavaScriptにすると、次のように変換されます（プログラムの間が「,」でつながっていますが、「;」と同じような使い方です）。

```
01    var _a = [today.getFullYear(), today.getMonth() + 1, today.getDate()],
      year = _a[0], month = _a[1], day = _a[2];
```

文字列への変数の埋め込み

次を見ていきましょう。

```
01    document.getElementById('date').innerHTML = `${year}/${month}/${day}`;
```

HTMLに日付を出力する部分の記述です。本来、文字列連結をしなければなりませんが、バッククオートと「${...}」という記述を利用することで、文字列の中に直接埋め込むことができます。これは、JavaScriptに変換すると次のように変わります。

```
01    document.getElementById('date').innerHTML = year + "/" + month + "/" + day;
```

このように、JavaScriptでは少し面倒だった記述や、できなかったことがESの新しい仕様ではできるようになっています。他にも、ES2016以降では多くの、新しい機能が策定されていますので、最新の情報をチェックしていくと良いでしょう。
Webブラウザーのサポートが広まるまでは、TypeScriptなどを使ってトランスパイルする必要がありますが、対応が進んだ場合でも、さらにESの仕様が先に進むため、常にトランスパイルをして利用するという使い方が、今後の主流になるかもしれません。慣れていくようにしましょう。

【キーワード】

【HTML】

【CSS】

●O～Z

【JavaScript・ライブラリ】

●用語

●A～N

●O～X

PROFILE

たにぐち まこと / H2O space

「ちゃんとWeb」をコーポレートテーマに、「ちゃんと」作ることを目指したWeb制作会社「株式会社エイチツーオー・スペース」代表。WordPressを利用したサイト制作や、スマートデバイス向けサイトの制作、PHPやJavaScriptによる開発を得意とする。また、CSS NiteやWordCampでの講演や著書などを通じ、クリエイターの育成にも力を入れている。主な著書に『動画で学ぶWordPressの学校』(KADOKAWA刊)、『よくわかるPHPの教科書』(マイナビ刊)など。

SPECIAL THANKS

サンプル提供：COCOA/カタヒラシュンシ

写真提供：@sansaisan、@yukky_13dream、@maako (いずれもInstagramのユーザーネーム)

STAFF

ブックデザイン：霜崎 綾子

DTP：AP_Planning

編集：伊佐 知子

これからWebをはじめる人のHTML & CSS、JavaScriptのきほんのきほん

2017年 3月30日 初版第 1刷発行
2020年 8月 7日 初版第11刷発行

著者　たにぐち まこと
発行者　滝口 直樹
発行所　株式会社 マイナビ出版
〒101-0003 東京都千代田区一ツ橋2-6-3 一ツ橋ビル2F
TEL：0480-38-6872 (注文専用ダイヤル)
TEL：03-3556-2731 (販売)
TEL：03-3556-2736 (編集)
E-Mail：pc-books@mynavi.jp
URL：https://book.mynavi.jp
印刷・製本　株式会社ルナテック

ISBN 978-4-8399-5971-5